U0262403

监护仪临床应用与指导

主 编 关 红 黄丽红

科学出版社
北 京

内 容 简 介

本书共 7 章，系统介绍了临床常用心电监护仪、胎儿与新生儿监护仪、颅脑监护仪、气体监护仪的临床应用，重点阐述了监测的临床应用范围与功能指标、监测原理、监护导联与波形的选择、正常波形与图例、异常波形与图例、监护中的注意事项，总结了临床各个参数监护时常见问题及处理措施，监护仪的管理保养等。内容全面，图文并茂，适用于临床医生、护士、院校教学参考阅读。

图书在版编目（CIP）数据

监护仪临床应用与指导 / 关红，黄丽红主编. —北京：科学出版社，2019.7
ISBN 978-7-03-061803-0

Ⅰ. ①监⋯ Ⅱ. ①关⋯ ②黄⋯ Ⅲ. ①病人监护器–教材 Ⅳ. ①TH776

中国版本图书馆 CIP 数据核字（2019）第 135035 号

责任编辑：郝文娜 ／ 责任校对：郭瑞芝
责任印制：赵 博 ／ 封面设计：吴朝洪

版权所有，违者必究。未经本社许可，数字图书馆不得使用

科 学 出 版 社 出版
北京东黄城根北街 16 号
邮政编码：100717
http://www.sciencep.com
天津市新科印刷有限公司 印刷
科学出版社发行 各地新华书店经销
*
2019 年 7 月第 一 版 开本：787×1092 1/16
2019 年 7 月第一次印刷 印张：8
字数：183 000
定价：**39.00 元**
（如有印装质量问题，我社负责调换）

编 委 名 单

主 编 关 红　　黄丽红

副主编 张建华　　张善红　　秦 维　　徐 兵

编 委（以姓氏笔画为序）

于 波　　马晓欢　　孔晓梅　　关 红

吴雪影　　宋 平　　张 臻　　张建华

张善红　　张鑫杰　　陈 莉　　金诗晓

姜 娜　　秦 维　　莫文平　　徐 兵

黄丽红

前　言

随着医疗技术的快速发展，监护仪已广泛应用到临床的各个科室，甚至社区和家庭。从危重患者的监护、手术患者的监护、胎儿与新生儿的监护、急救/转运患者的监护，到患者社区及家庭康复训练的监护；专科生命指标参数的监护到综合指标参数的监护；单项功能到多功能的监护，监护仪正在向智能化监护快速发展。这就要求临床医护人员快速掌握不断更新的监护仪使用和管理知识。

监护仪自动连续、实时、动态地监护患者重要的生命指标和生理参数，使医护人员能够随时了解患者的病情变化，当发生危急情况时能及时提示医护人员进行有效的治疗和处置，从而保证患者生命安全，降低急危重症患者的病死率；监护仪在临床中的广泛应用，减轻了医护人员的劳动强度，提高了工作效率；监护仪通过对患者运动状态下的心电信号监测，使医学专家团队能够远程给予患者家中医疗康复指导；监护仪的临床应用在现代医疗健康发展中提高了医院竞争力与医疗服务水平。

笔者组织心电图主任医师和有多年临床经验的护士长、专科护士编写本书。本书图文并茂，系统介绍了临床常用心电监护仪、胎儿与新生儿监护仪、颅脑监护仪、气体监护仪的临床应用，描述了监测的指标及监测原理、监护导联与波形的选择、正常波形与图例、异常波形与图例、监护中的注意事项，总结了临床各个参数监护时常见问题及处理措施、监护仪的管理保养。本书可供临床医师与护士、社区医师与护士使用。

在此，感谢全体作者为本书所付出的辛勤劳动。本书编写的内容经过多次讨论、反复修改才最后定稿，但由于监护仪更新换代发展迅速，监护技术与互联网整合后发展日新月异，本书中难免存在不足或不妥之处，恳切希望广大读者提出宝贵意见。

关　红　黄丽红

2019 年 1 月

目　　录

第1章 监护仪的分类及功能

监护仪具有自动连续监护、存储、显示、分析和控制功能，对超出设定范围的参数能发出报警，可以实时、动态地监护患者重要的生命指标和生理参数，如心率（律）、呼吸、血压（无创血压与有创血压）、脉搏、体温、血氧饱和度、中心静脉压、心排血量、颅内压、二氧化碳呼吸末压、胎心音、胎儿心动图、脑电双频指数、熵指数、内脏血流灌注参数、神经肌肉传导监测、脉波轮廓温度稀释等，使医护人员随时了解患者的病情变化，当病情发生危急情况时能及时预示医护人员有效地进行治疗和处置，保证了患者生命安全，降低了急危重症患者的病死率，提高了医疗护理质量；监护仪在临床中的广泛应用，减轻了医护人员的劳动强度，提高了工作效率；监护仪对患者运动状态下的心电信号进行监测，医学专家团队通过客户端软件及远程数据中心分析系统进行综合分析、判断，给予患者居家医疗康复指导；监护仪的临床应用在现代医疗健康发展中起到不可或缺的重要作用，提高了医院竞争力与医疗服务水平。

第一节 监护仪的分类

一、监护仪的概念与基本原理

随着监护仪参数的不断增加，结构组合更加灵活，操作界面趋于简便，以及医院网络功能的完善，监护仪的应用领域不断扩大，已从临床手术、麻醉、危重患者监测到普通病房，甚至基层医院、社区医疗单位和家庭监测。监护仪的广泛应用，对患者的重要生命指标进行实时监护，监测、记录、分析各种参数的变化趋势，及时显示患者病情动态变化，为医护人员进行抢救、治疗与护理、保健提供了科学依据。

1. 监护仪的概念　监护仪是医院对患者病情进行监控的常用高精度医疗的仪器，通过实时监护患者生理参数，储存、记录、分析动态变化，当超出设定值或出现危急值时发出报警的装置或系统。

2. 监护仪的基本原理　监护仪所监测的参数分为电量和非电量2种。①电量信号，如心电信号，直接由电极获取；②非电量信号，如血压、体温、呼吸、血氧饱和度等，通过各种传感器获取，然后转换成与之有确定函数关系的电信号，再经过放大、滤波、计算、处理记录和显示。传感器是非电量信号的监测关键部件，传感器中的敏感元件和转换元件又是直接感测或响应测量转换成电信号的部件。感测体温的热敏电阻、有创血压检测的传感膜片等属于敏感元件，血氧饱和度中的光电管、呼吸测量中的电桥等属于转换元件。监护仪信号调节和转换电路是把传感元件输出的电信号处理、放大，转换成方便微处理器电路或显示、记录电路的信号，监护仪的基本结构如图1-1。

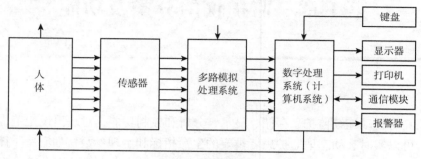

图 1-1　监护仪的结构

二、按参数分类

监护仪按参数分为无创生命参数监护仪、有创参数监护仪、特殊测试参数监护仪。

1. 无创生命参数监护仪　包括心电监护仪、呼吸监护仪、血压监护仪、血氧饱和度监护仪、体温监护仪、胎心音监护仪、麻醉监护仪、神经肌肉传导监护仪、急救/转运监护仪、掌式多功能参数监护仪、熵指数监护仪等。

2. 有创参数监护仪　包括有创血压的监测、肺动脉压的监测、中心静脉压的监测、左右心房压力的监测、心排血量的监测、右心房和肺动脉温度的监测、颅内压的监测、呼吸末二氧化碳的监测、呼出/呼入麻醉药物浓度的监测等。

3. 特殊测试参数监护仪　包括血气监测仪、生化分析监测仪、特殊麻醉气体监测仪、心脏除颤仪、内脏血流灌注监测仪等。

三、按功能分类

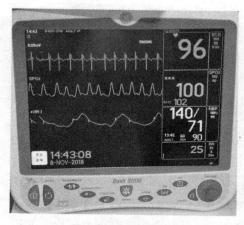

图 1-2　床边监护仪

监护仪按功能分为床边监护仪、中央监护仪（中央系统监护仪）、急救/转运监护仪、掌式多参数监护仪、离院监护仪（遥测监护仪）。

1. 床边监护仪　设置在病床边，对患者的各种生理参数或某些指标进行连续地监测，显示报警或记录，它可以与中央监护仪连接进行系统工作，如图1-2。

2. 中央监护仪（中央系统监护仪）　由中央主监护仪和若干床边监护仪组成监护系统，主监护仪可以控制各床边监护仪的工作，对多例被监护患者的生理参数进行同时监护，并对各种异常的生理指标和参数进行自动分析和记录,如图1-3。

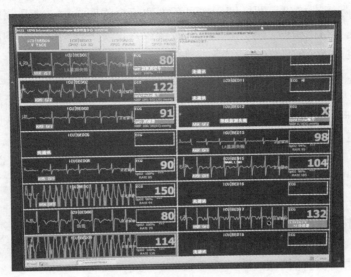

图1-3 中央监护仪

3. **急救/转运监护仪** 如图1-4。根据救护现场及转运监护需要,整机小巧轻便、易携带、结实、稳定、防水、防火、耐摔,可在野外强日光下清晰显示波形与参数,适用于急诊、急救、转运患者的监护。

4. **掌式多参数监护仪** 应用PCB抄板与设计,芯片解密,主要用于医院手术室、急诊、救护车及移动监护,患者转运、野外救护、家庭、社区医疗监护,重症监护室、临床科室、门诊,可替代台式机做常规监护,如图1-5。

5. **离院监护仪(遥测监护仪)** 患者可以随身携带的小型电子监护仪,对医院内、外患者的某种生理参数进行连续监护,为医师进行非实时性检查和记录,如图1-6。

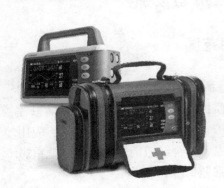  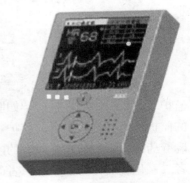

图1-4 急救/转运监护仪　　图1-5 掌式多参数监护仪　　图1-6 离院监护仪(遥测监护仪)

四、按插件和导联分类

1. **插件式组合监护仪** 由一台主机和各个分立可拆卸的生理参数模块构成,使用时可按照患者的病情需求，选择不同的插件模块组成特殊需求的监护仪。监护仪采用模块化设计，模块采用国际标准接口，即插即用，灵活方便组合临床参数，满足临床各种不同病例需求参数的监测，又能为医院减少不必要的资金投入，使各种功能模块均能得到充分、合理地使用，主要应用在 ICU、CCU、麻醉科室。

2. 不同导联的监护仪　监护仪可根据导联不同分为三导联监护仪、五导联监护仪、十导联监护仪。因为导联的数量不同，监护时选择的导联图形数目不同。三导联监护仪只能监护肢体导联波形，不能分析心肌缺血时 ST 段的改变；临床常用五导联监护仪监护患者心肌缺血的改变；十导联监护仪常用于患者多功能的监护。

五、按结构分类

监护仪按结构分为便携式监护仪、单参数监护仪、多功能监护仪、多参数监护仪。

1. 便携式监护仪　携带方便轻巧，用于急危重症患者的转运、门诊检查、会诊、院外急救等，包括急救/转运监护仪、掌式多参数监护仪等。

2. 单参数监护仪　只能监护单一参数的监护仪，适用于专科患者的监护，包括心电监护仪、血压监护仪、血氧饱和度监护仪、胎心音监护仪、血气监护仪等。

3. 多功能监护仪　监护仪不但可以监护患者生命指标各种参数，还可以进行心律失常分析、起搏分析、ST 段分析，监测信息回顾、平面冻结，数据、趋势图和表的信息储存，通过中央网络系统进行院内、院外远程会诊等功能，如同时具有无创参数的监测及有创参数监测的监护仪等。

4. 多参数监护仪　监护仪同时可以监护心电、呼吸、体温、血压、血氧饱和度等多个参数，包括多参数床边监护仪、多参数中央监护仪、掌式多参数监护仪等。

第二节　监护仪的临床应用与功能

一、监护仪的临床应用范围

1. 监护仪的临床应用患者范围　重症患者的各种生命指标的监护、术中和术后患者的监护、产妇分娩的监护、孕妇胎心音的监护、早产儿的监护、新生儿的监护、恢复期患者的监护、肾脏透析患者的监护、高压氧舱治疗患者的监护、放射线治疗患者的监护、应用麻醉药物患者的监护、患者的内脏血液灌注功能监护、患者的神经肌肉传导监护、危重患者二氧化碳气体的监护、患者的颅内压监护、患者的睡眠监护等。

2. 监护仪临床应用范围　危重症患者监护仪、血氧监护仪、血压监护仪、冠心病监护仪、24h 动态心电监护仪、24h 动态血压监护仪、心脏除颤监护仪、分娩监护仪、新生儿和早产儿监护仪、胎儿监护仪、颅内压监护仪、脑电监护仪、脑电双频指数监护仪、口腔监护仪、麻醉监护仪、二氧化碳监护仪、睡眠监护仪、车载监护仪、便携式监护仪、急救转运监护仪等。

二、监护仪的监护功能

随着科学技术的发展和临床监护的需要，监护仪的监护功能不断完善和强大，性能更加卓越，已向多智能发展。心电监护中应用模式识别技术，对心电信号的处理功能越来越强。现代的临床监护仪已普遍实现对监护参数的回顾和分析，如心律失常分析和对 ST 段的分析功能，可以自动分析室性和室上性心律失常，为医护人员进行临床诊断提供了有力帮助。监护画面冻结和历史回放功能为临床捕捉有诊断价值的生命参数提供了保证；监护的生理参数设置了报警阈值，在异常参数出现时能被及时发现；心律同步技术的提升，让无创血压和脉搏、血氧饱和度监测的准确性得以提高，监护仪的功能和性能不断完善。

监护仪在技术上由有创向无创发展，连续有创心排血量（CCO）的监测，已发展的 BioZ-ICG 无创 CCO 监护和 ICG 心动描述插件，能对患者的血流动力学状况进行快速、准确的连续评价。

无线监护仪便于长时间实时动态监测患者的多种生理参数，适合在污染的传染病区使用，具备灵活的设备配置和功能组合，优化资源的利用，已成为数字医疗和监护技术的重要组成部分。

（关　红）

第 2 章　心电监护仪的临床应用

第一节　心电监护的临床应用

心电监护仪是现代医院监护患者常使用的一种精密医学电子仪器，该系统可同时进行心电、心律（率）、呼吸、血压、脉率、血氧饱和度等多种参数的监测。

心电监护是通过显示屏连续观察心脏电活动的一种无创监测诊断方法，可长时间、实时、自动报告患者的心电活动指标，使医务人员能及时发现心电变化并尽早采取相应的干预措施，因此对于有心电活动异常的患者，如各种心律失常、急性心肌梗死、各种心脏病监护及其他重症监护等均有重要使用价值。

一、心律（率）监测原理

心电监护是动态阅读长时间记录的体表心电图，通过对患者心电变化的分析，为患者病情的诊治提供重要依据。心电监测分为心律（节律）监测和心率（速率）监测。

心律是指心搏的规律性，即相邻的心搏周期是否相等，监护仪可自动监测，发现心肌缺血情况、各种心律失常及电解质紊乱等。

心率是指心脏每分搏动的次数，在监护仪上可由心电波（ECG）或者血氧容积描记波（PLETH）来获得。

为描记心电波形，将探查电极置于体表相隔一定距离的两点，两点间构成一个心电导联。为方便操作，心电监护时通常将肢体导联电极分别移到前胸部，同时采用纽扣式粘贴电极片代替标准的银-氯化银电极夹，即使用简化的心电图导联来代替常规心电图十二导联，一方面能保证较好的监测质量，同时又不影响患者的床上活动和各种诊疗措施的进行。

二、心电监护导联与波形选择

（一）心电监护导联选择与波形选择

美国心脏病协会（AHA）专业组推荐，一般监测应至少有 3 个导联或者最好有 5 个导联。较多的导联可较好地识别 P 波、ST 段偏移及室上性或者室性心律失常等。V_5 导联能较敏感地发现心肌缺血，临床多提倡采用 II、aVF、V_5 导联系统作为心电监护导联。

1. 三电极导联系统　采用三电极记录心电信号，可监测 6 个标准肢体导联，胸前需安置 3 枚电极，电极分别为 RA、LA、LL。监护时可通过选择开关指定某一电极为参考电极，该系统主要优点是简明，但在心肌缺血中的应用价值有限。

2. 改良三电极导联系统　胸前需安置 3 枚电极，电极分别为 RA、LA、V_5，将 LL 导联替换为 V_5，提高对前壁心肌缺血的敏感性或通过提高 P 波的高度以诊断房性心律失常。

3. 五电极导联系统　采用 5 个电极记录心电信号，可同时监测 6 个标准肢体导联和 1 个胸前导联。胸前需安置 5 枚电极，分别为 RA、LA、LL、RL、V，一般胸前电极放置于 V_1 位置，V 电极位置可根据监护需要进行改变。

4. 十电极导联系统　采用 10 个电极记录心电信号，胸前安置 10 枚电极，分别为 RA、LA、LL、RL、V_1、V_2、V_3、V_4、V_5、V_6。该系统能记录十二导联心电图，并可通过胸前导联平移至 V_{3R}、V_{4R}、V_{5R}、V_7、V_8、V_9 的位置，记录到十八导联模拟心电图，是较新一代的心电监护仪，可监测多部位的心肌缺血或者进行室性与房性心律失常的鉴别诊断。

（二）常用心电监护导联与波形的选择

1. 常用心电监护导联　胸前监护导联多为三电极、五电极和十电极，且标有不同颜色加以区分，十电极的胸前导联位置同心电图胸前导联的位置。常用的心电监护导联及其电极放置位置部位见表 2-1。

表 2-1　常用的心电监护导联电极位置

导联（AHA）	电极位置
RA（白色/红色）	右锁骨下方
LA（黑色/黄色）	左锁骨下方
V（褐色）	$V_1 \sim V_6$ 位置
RL（绿色/黑色）	右胸腔的下方
LL（红色/绿色）	左胸腔的下方

2. 波形的选择

（1）优选单项波，清晰导联：在临床工作中，由于心电监护仪的生产厂家及型号不同，常用心电三导联和五导联两种型号，医护人员在临床工作中应根据监护仪的导联优先选择单项波导联，避开"T"波高尖导联；如选双向波导联，应选正负差数大于 1mV 的导联，因高尖"T"波、双向导联正负差数很小时，监护仪数据的分析时会影响心率值的准确性。若监护仪选择三导联而实际为患者粘贴五导联，会导致心电监护无法正常显示波形，增加误诊的风险，在临床工作中应引起重视。单向导联与双向导联如图 2-1A、B。

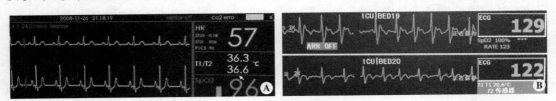

图 2-1　单向导联与双向导联

A. 单向波导联；B. 双向波导联

（2）选取振幅适宜，主波向上的导联：为了便于观察心率（律）的变化，应选取主波向上的导联；振幅不宜过高或过低，以便于观察心电图的各个波和段的关系，及时发现病情变化。

（3）及时去除干扰因素，慎用滤波功能：由于心电波形的清晰度受到多种因素的影响，如皮肤干燥、周围电磁波、患者肢体的移动等，如遇到波形干扰，应首先调整电极片的最佳位置，去除患者表皮的油脂和渣屑，指导患者勿大幅度运动，清除周围可能引起电磁干扰的电器，如手机、收音机。如还不能得到清晰稳定的波形，再使用滤波功能。慎用滤波功能，以防将正常波形过滤后过滤掉必要的波和段，导致心电波形判断不准确。

（4）合理使用起搏器功能：对于置入起搏器的患者，应选择开放起搏器监测功能，以便监测起搏器的功能。

三、心电监护的心电图特点及图例

监护心电图最大的特点是实时性，也是它最有价值的体现，监测过程中可及时发现恶性心律失常或严重的心肌缺血事件，立即报警提示医护人员及时采取治疗措施；方便、无创，易为患者接受，可以根据临床需要对各种危重症患者行长时间监测；在可回顾性方面也有很大优势，可观察完整的心律变化过程，便于找出心律失常发生的时间和原因，及时给予针对性治疗和护理。

1. 实时性　是心电监护的最大特点，也是它最有临床价值的一面。应用床旁监护心电图的患者绝大多数为危重症患者，要求患者卧床、限制活动，并由经验丰富的医护人员进行监护，动态观察、分析、诊断和处理患者出现的各种心电变化。若患者出现恶性心律失常或是严重的心肌缺血，医护人员可以及时发现，并采取迅速有效的治疗措施，预防并阻止了病情恶化，为抢救危重症患者赢得宝贵的时间。

2. 长期性　心电监护方便、无创，仅使用电极片，易为患者接受，因此可以对各种危重症患者进行长时间监测。

3. 可回顾性　心电监护不仅能够记录每一时间的心电信息，而且医护人员在报警提示下或通过时间查询，能很快找到恶性心律失常或严重心肌缺血事件发生的点，并能准确清晰地看到图形，进行打印，分析事件发生的起始及转归。

4. 智能性　床旁监测仪能够智能化地记录、统计、分析患者的大量心电信息，并以统计图表的形式加以总结，进行系统分析，从而协助医护人员判断其病情严重程度和观察病情变化、治疗的效果等。另一方面，床旁心电监护仪带有自检、识别、诊断和报警功能，在报警合理设定的条件下，能够实现对各种心律失常的自检、记录和报警功能，对心肌缺血严重程度改变也会加以提示。

5. 高效性　床旁监测心电监护仪和中央系统结合，医护人员可以在中央监护屏上实时查看每例患者的心电情况，降低医护人员的劳动强度的同时也提高了工作效率，从而提高了工作质量和效果。

6. 兼容性　由于床旁心电监护仪的无创性，且导联系统简单可靠，因此常和其他监护系统并用。随着监护仪的更新换代，监护仪的功能日益强大，不仅能监测心电信息，还能监测体温、呼吸、血氧饱和度、血压等重要的生命体征，为医护人员判断患者的病情、采取有效的治疗措施并观察治疗效果提供了极为有用的信息。

四、心电监护常见心律失常及图例

（一）正常窦性心律

图 2-2 患者男性，58 岁；因胸痛 2d，以"高血压，冠心病"入院。

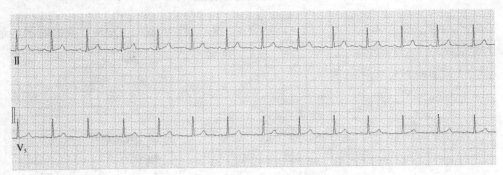

图 2-2　正常窦性心律

心电图示：P 波规律出现，心率 68 次/分，Ⅱ、V₅导联 P 波直立，P 波时间 80ms，P-R 间期固定 162ms，QRS 波群形态正常，时间 78ms，Q-T 间期 396ms。

监护心电图诊断：窦性心律，正常心电图。

（二）窦性心律不齐

图 2-3 患者女性，45 岁；以"冠心病，不稳定型心绞痛"入 CCU 病房。

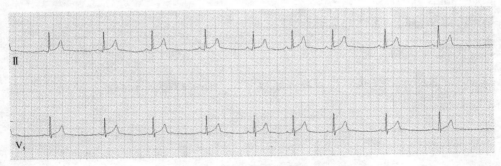

图 2-3　窦性心律不齐

心电图示：P 波时限、形态相同，心率平均 69 次/分，同一导联 P-P 间期相差大于 120ms，P-R 间期固定 160s，QRS-T 波群时限、形态均在正常范围。

监护心电图诊断：窦性心律，窦性心律不齐。

（三）窦性心动过缓

图 2-4 患者男性，56 岁；因心悸，以"冠心病，病态窦房结综合征"入院。

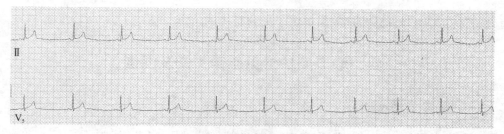

图 2-4　窦性心动过缓

心电图示：窦性心律，心率平均 41 次/分，P-R 间期 160ms，QRS-T 波群时限、形态均在正常范围。

监护心电图诊断：窦性心动过缓。

（四）窦性心动过速

图 2-5 患者女性，53 岁；主诉心悸，以"冠心病，不稳定型心绞痛"入院。

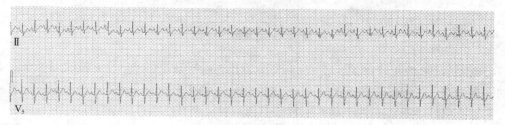

图 2-5　窦性心动过速

心电图示：窦性心律，心率平均 143 次/分，P-R 间期 120ms，QRS 波群时间 80ms，Q-T 间期 280ms。

监护心电图诊断：窦性心动过速。

（五）窦性停搏

图 2-6 患者男性，61 岁；因发作性头晕 1 年，加重伴晕厥 2 次入院。

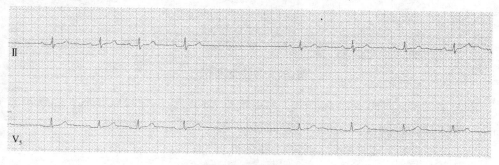

图 2-6　窦性停搏

心电图示：窦性心律，心率平均 39 次/分，P-R 间期 260ms，R$_{4\sim5}$ 间期距长 3063ms，与基本窦性周期无倍数关系。

监护心电图诊断：窦性心律，窦性心动过缓，窦性停搏，一度房室传导阻滞。

（六）房性期前收缩

图 2-7 患者女性，56 岁；以"心悸待查"入院。

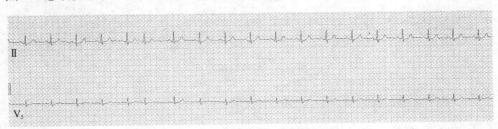

图 2-7　房性期前收缩

心电图示：窦性心律，心率 67 次/分，第 6 个为提前出现的 P'波，形态与窦性 P 波不一致，P'-R 间期较正常 P-R 间期长，其后下传的 QRS 波群与自身基本 QRS 波群一致，不完全性代偿间歇。

监护心电图诊断：窦性心律，房性期前收缩。

（七）交界性期前收缩

图 2-8 患者男性，63 岁；以"冠心病"入院。

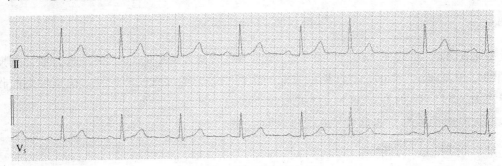

图 2-8　交界性期前收缩

心电图示：心室率 75 次/分，第 6 个 QRS 波群提前出现，形态正常为室上性，其前后未见与之相关的 P 波，完全性代偿间歇。

监护心电图诊断：窦性心律，交界性期前收缩。

（八）室性期前收缩

图 2-9 患者男性，67 岁；主诉因胸闷、心悸加重 3h，以"冠心病，不稳定型心绞痛"入院。

心电图示：P 波规律出现，形态相同，P-P 间期相等，QRS 波群时限、形态正常，心率 86 次/分，为窦性心律；第 7 个心搏提前出现，QRS 波群宽大畸形，T 波与 QRS 波群主波方向相反，其前无相关的 P 波，完全性代偿间歇。

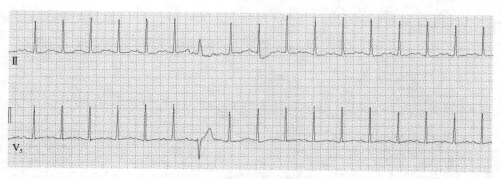

图 2-9 室性期前收缩

监护心电图诊断：窦性心律，室性期前收缩。

（九）室性并行心律

图 2-10 患者男性，41 岁；以"心肌炎"入院。

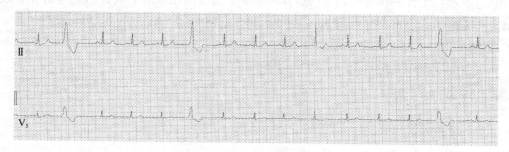

图 2-10 室性并行心律

心电图示：第 2、6、10、14 个均为提前出现的宽大畸形的 QRS-T 波群，联律间期互不相同，相差超过 80ms，室性期前收缩间距离相等，畸形程度不一致，由室性期前收缩与窦性下传的 QRS 波群发生不同程度融合所致。

监护心电图诊断：窦性心律，室性并行心律。

（十）房性心动过速

图 2-11 患者女性，64 岁；诉心悸，以"冠心病"收入院。

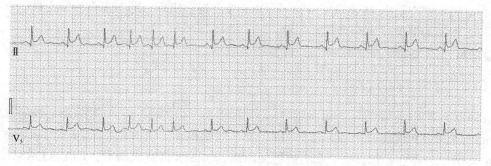

图 2-11 房性心动过速

　　心电图示：窦性心律，平均心率 60 次/分，第 4～6 个 QRS 为 3 次房性期前收缩连续出现形成短阵房性心动过速，其前可见 P′波，P′-R 间期大于 120ms，P′波下传的 QRS 波群与自身基本 QRS 波群形态一致，代偿间歇不完全。

　　监护心电图诊断：窦性心律，短阵房性心动过速。

（十一）室上性心动过速

图 2-12 患者女性，19 岁；心悸待查。

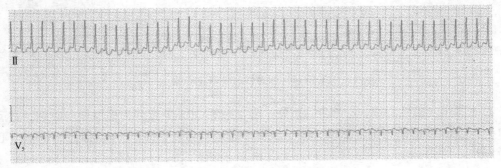

图 2-12　阵发性室上性心动过速

　　心电图示：心室率 221 次/分，QRS 波群形态正常为室上性，其前未见 P 波，继发性 ST-T 改变。

　　监护心电图诊断：阵发性室上性心动过速。

（十二）室性心动过速

图 2-13 患者男性，78 岁；诉胸闷，以"高血压、冠心病"入院。

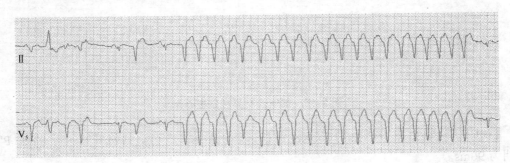

图 2-13　短阵室性心动过速

　　心电图示：窦性心律，心率 98 次/分，第 8～28 个心室搏动为连续出现的宽大畸形的 QRS-T 波群，T 波与 QRS 波群主波成相反方向，频率 145 次/分，形成短阵室性心动过速。

　　监护心电图诊断：窦性心律，室性期前收缩，短阵室性心动过速。

（十三）加速性房性自主心律

图 2-14 患者男性，73 岁；诉心悸，以"冠心病"收入院。

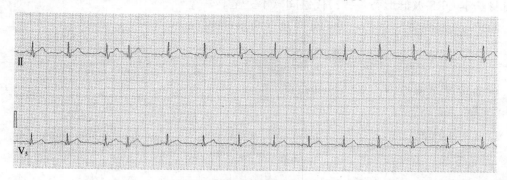

图 2-14　加速性房性自主心律

心电图示：窦性心律，心率 65 次/分，第 4 组 P-QRS-T 波群为房性期前收缩，其后第 5～14 个 QRS 波群前为倒置 P′波，QRS 波群形态正常为室上性，P′-R 间期为 160ms，心率 72 次/分。

监护心电图诊断：窦性心律，房性期前收缩，加速性房性自主心律。

（十四）加速性交界性自主心律

图 2-15 患者男性，63 岁；临床诊断为冠心病。

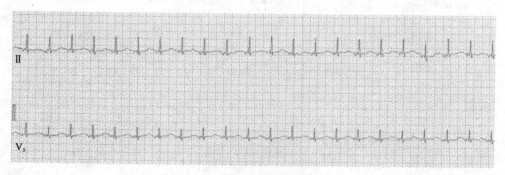

图 2-15　加速性交界性自主心律

心电图示：心室率 107 次/分，QRS 波群形态正常为室上性，其前可见逆行 P′波，P′-R 间期为 90ms。

监护心电图诊断：加速性交界性自主心律。

（十五）加速性室性自主心律

图 2-16 患者女性，70 岁；以"冠心病"收入院。

心电图示：窦性心律，心率 75 次/分，第 5～9 个宽大畸形的 QRS-T 波群，T 波方向与主波方向相反，为加速性室性自主心律，频率约 69 次/分。

监护心电图诊断：窦性心律，加速性室性自主心律。

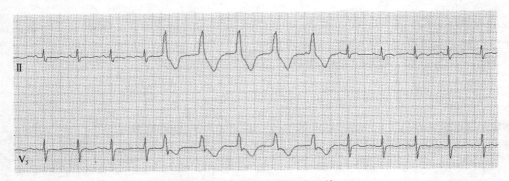

图 2-16　加速性室性自主心律

（十六）房性逸搏

图 2-17 患者男性，78 岁；临床以"高血压、冠心病"收入院。

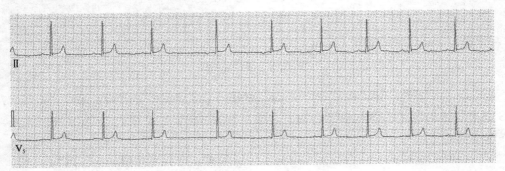

图 2-17　房性逸搏

心电图示：窦性心律，心率 46 次/分，第 4、5 个 QRS 波群前为倒置 P′波，QRS 波群形态为室上性，P′-R 间期 200ms，频率 43 次/分。

监护心电图诊断：窦性心律，窦性心动过缓，房性逸搏。

（十七）房性逸搏心律

图 2-18 患者男性，78 岁；以"高血压、冠心病"收入院。

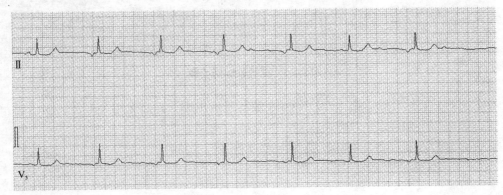

图 2-18　房性逸搏心律

心电图示：窦性心动过缓，第 2～4 个 QRS 波群前为倒置 P′波，QRS 波群形态正常为室上性，P′-R 间期为 140ms，频率 48 次/分。

监护心电图诊断：窦性心律，窦性心动过缓，房性逸搏心律。

（十八）交界性逸搏

图 2-19 患者女性，63 岁；诉心悸，以"病态窦房结综合征"入院。

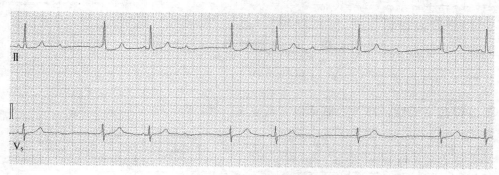

图 2-19　交界性逸搏

心电图示：窦性心律，P 波频率约 58 次/分，二度房室传导阻滞，第 2、4、6、7 个 QRS 波群延迟出现，QRS 波群形态为室上性，其前可见窦性 P 波，与 QRS 波群无关，为交界性逸搏。

监护心电图诊断：窦性心律，二度房室传导阻滞，交界性逸搏。

（十九）交界性逸搏心律

图 2-20 患者女性，63 岁；诉心悸，以"病态窦房结综合征"入院。

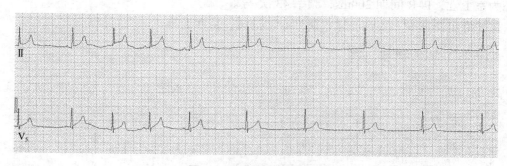

图 2-20　交界性逸搏心律

心电图示：窦性心律，第 5～9 个 QRS 波群延迟出现，其前无相关 P 波，QRS 波群为室上性，频率 38～40 次/分，慢而规则，为交界性逸搏心律。

监护心电图诊断：窦性心律，交界性逸搏心律。

（二十）室性逸搏

图 2-21 患者女性，68 岁；诉胸闷、头晕，以"冠心病"入院。

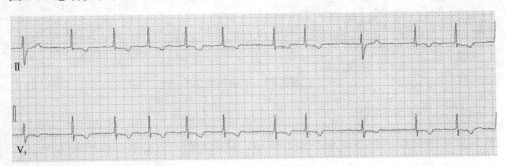

图 2-21　室性逸搏

心电图示：心房纤颤，平均心室率 61 次/分，第 9 个心搏于长间歇后延迟出现，QRS-T 波群宽大畸形，T 波方向与主波方向相反。

监护心电图诊断：窦性心律，室性逸搏，ST-T 改变。

（二十一）室性逸搏心律

图 2-22 患者男性，63 岁；诉头晕，以"冠心病"入院。

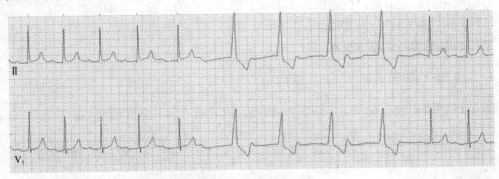

图 2-22　室性逸搏心律

心电图示：窦性心律，心率平均 65 次/分，第 6～9 个规律出现的 QRS 波群，宽大畸形，T 波方向与主波方向相反，频率约 53 次/分，为二度 I 型房室传导阻滞，室性逸搏心律。

监护心电图诊断：窦性心律，二度 I 型房室传导阻滞，室性逸搏心律。

（二十二）心房扑动

图 2-23 患者男性，57 岁；主诉发作性胸憋、头晕 3 年，加重 1d，以"高血压、冠心病"入院。

心电图示：II、V5 导联均无 P 波，代之以锯齿状 F 波，频率约 300 次/分（II 导联较明显），F 波之间无等电位线，呈 3：1～4：1 下传心室，平均心室率 93 次/分。

监护心电图诊断：心房扑动。

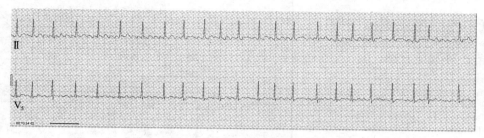

图 2-23　心房扑动

（二十三）心房纤颤

图 2-24 患者女性，48 岁；诉胸闷、胸痛，临床诊断"冠心病、心绞痛"。

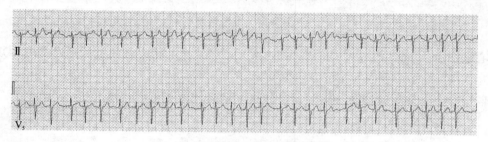

图 2-24　心房纤颤

心电图示：P 波消失，代之以大小不等、形态不一的 f 波，R-R 绝对不匀齐，平均频率 132 次/分，QRS 时限＜120ms。

监护心电图诊断：心房纤颤。

（二十四）心室扑动、心室颤动

图 2-25 患者男性，62 岁；诉胸闷、胸痛，以"冠心病、急性前壁心肌梗死"入院。

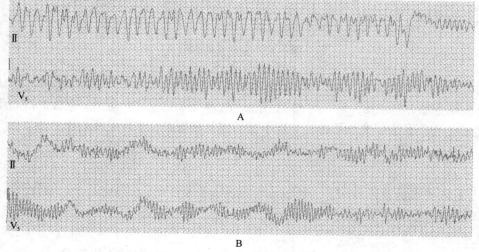

图 2-25　心室扑动、心室颤动

A. 心室扑动；B. 心室颤动

图 2-25A 示 P-QRS-T 波群消失，代之以连续快速、相对规则、大幅度的正弦曲线波形，频率约 250 次/分，90s 后转为图 2-25B 示细且不规则的低小波，未见明显 P-QRS-T 波群。

监护心电图诊断：心室扑动、心室颤动。

（二十五）二度Ⅱ型窦房阻滞

图 2-26 患者女性，45 岁；诉胸闷，以"胸闷待查"入院。

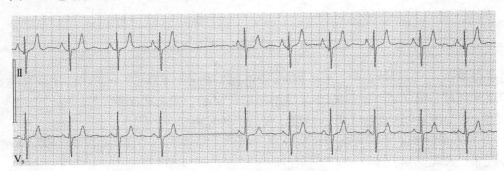

图 2-26　二度Ⅱ型窦房阻滞

心电图示：窦性心律，规律的 P-P 间期中突然出现长的 P-P 间期，长 P-P 间期恰好等于短 P-P 间期的 2 倍。

监护心电图诊断：窦性心律，二度Ⅱ型窦房阻滞。

（二十六）一度房室传导阻滞

图 2-27 患者男性，52 岁；主诉心悸，加重 2d，以"冠心病，不稳定型心绞痛，心律失常"入院。

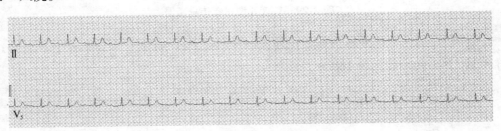

图 2-27　一度房室传导阻滞

心电图示：P 波规律出现，形态相同，P-P 间期相等，P-R 间期固定 380ms，QRS 波群形态、时限正常，ST-T 正常，为窦性心律。

监护心电图诊断：窦性心律，一度房室传导阻滞。

（二十七）二度房室传导阻滞

1. 二度Ⅰ型房室传导阻滞　图 2-28 患者男性，57 岁；主诉发作性胸闷 3 年，加重伴头晕 1d，以"冠心病，不稳定型心绞痛"入院。

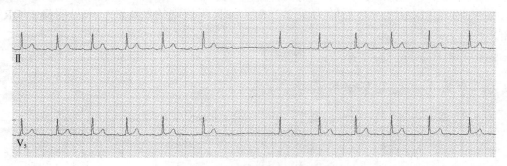

图 2-28 二度 I 型房室传导阻滞

心电图示：P 波规律出现，形态相同，P-P 间期相等，第 1～6 个 P-QRS-T 波群的 P-R 间期逐渐延长，第 7 个 P 波后 QRS-T 波群脱漏，引起一长 R-R 间期。

监护心电图诊断：窦性心律，二度 I 型房室传导阻滞。

2. 二度 II 型房室传导阻滞 图 2-29 患者男性，76 岁；诉心悸，以"冠心病，不稳定型心绞痛"入院。

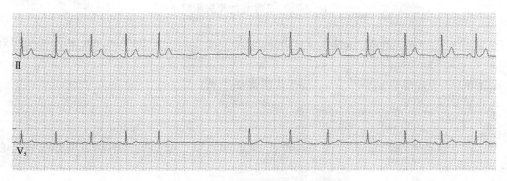

图 2-29 二度 II 型房室传导阻滞

心电图示：窦性心律，P 波规律出现，形态相同，P-P 间期相等，第 6 个 P 波后 QRS 波群脱漏，P-R 间期固定为 160ms。

监护心电图诊断：窦性心律，二度 II 型房室传导阻滞。

（二十八）高度房室传导阻滞

图 2-30 患者男性，75 岁；主诉胸闷，头晕，以"冠心病，心律失常"入院。

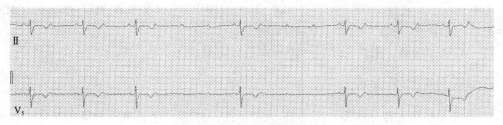

图 2-30 高度房室传导阻滞

心电图示：窦性心律，P 波规律出现，第 1、3、5、9、13 个 P 波后有下传的 QRS-T 波群，P-R 间期固定为 210ms，第 2、4、6~8、10~12、14 个 P 波后 QRS 波群脱漏，连续出现 3 个 P 波未下传心室。

监护心电图诊断：窦性心律，高度房室传导阻滞。

（二十九）三度房室传导阻滞

图 2-31 患者男性，69 岁；主诉乏力，头晕，心悸，晕厥 1 次。

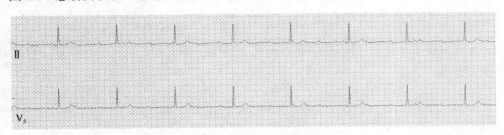

图 2-31　三度房室传导阻滞

心电图示：窦性 P 波规律出现，频率约 75 次/分，其后均无下传的 QRS 波群；QRS 波群形态正常，缓慢规则，频率约 30 次/分，为过缓的交界性逸搏心律。

监护心电图诊断：窦性心律，三度房室传导阻滞，交界性逸搏心律。

（三十）室内阻滞

1. 完全性右束支阻滞　图 2-32 患者男性，59 岁；主诉胸闷 1 个月，加重 1 周，以"冠心病"收入院。

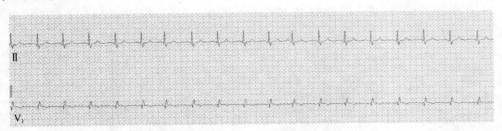

图 2-32　完全性右束支阻滞

心电图示：窦性心律，心率 68 次/分，V_1 导联 QRS 波群是 rSR 型，Ⅱ 导联终末 S 波增宽，QRS 时间为 150ms。

监护心电图诊断：窦性心律，完全性右束支阻滞。

2. 完全性左束支阻滞　图 2-33 患者男性，78 岁；主诉胸闷，临床诊断"高血压、冠心病"收入院。

心电图示：窦性心律，心率 62 次/分，QRS 波群 Ⅰ 导联呈 R 型，V_6 导联呈 Rs 型，R 波增宽粗钝，QRS 时间为 120ms，继发性 ST-T 改变。

监护心电图诊断：窦性心律，完全性左束支阻滞。

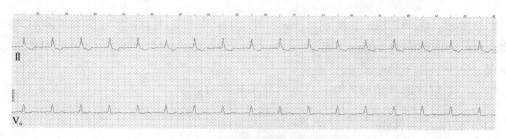

图 2-33　完全性左束支阻滞

（三十一）心肌梗死心电图

1. 急性前壁心肌梗死　图 2-34 患者男性，59 岁；以"冠心病，急性前壁心肌梗死"入住 CCU 病房。

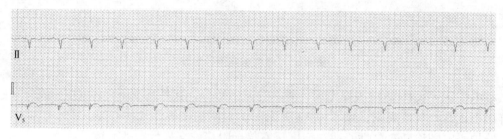

图 2-34　急性前壁心肌梗死

心电图示：窦性心律，心率 55 次/分，P-R 间期固定 160ms，V_5 导联 QRS 波群呈 QS型，ST 段弓背向上抬高约 0.2mV，T 波倒置，ST-T 异常改变。

监护心电图诊断：窦性心律，ST-T 改变符合急性前壁心肌梗死诊断。

2. 急性下壁心肌梗死　图 2-35 患者男性，48 岁；以"冠心病，急性下壁心肌梗死"入住 CCU 病房。

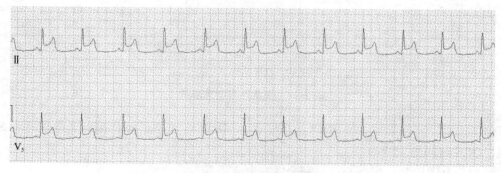

图 2-35　急性下壁心肌梗死

心电图示：窦性心律，心率 61 次/分，P-R 间期固定 160ms，Ⅱ、V_5 导联 QRS 波群呈qR 型，ST 段在各导联弓背向上抬高 0.3mV，V_5 导联弓背向上抬高 0.2mV，T 波高尖，为ST-T 异常改变。

监护心电图诊断：窦性心律，ST-T 改变符合急性下壁心肌梗死诊断。

（三十二）起搏心电图

图 2-36 患者男性，79 岁；晕厥 2 次入院，临床诊断冠心病。

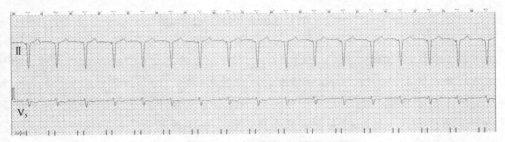

图 2-36　双腔起搏心电图

心电图示：房室顺序起搏心律，起搏心率 60 次/分，心房与心室起搏脉冲信号间期 200ms。监护心电图诊断：起博心律，房室顺序起搏心律，起搏功能未见异常。

五、心电监护注意事项

1. 电极片的安放　粘贴电极片的皮肤部位需用 70%乙醇清洁，以清除皮肤上的角质层和汗渍，防止电极片接触不良，正确安放心电电极的位置，并避开心前区除颤电极板放置的位置及胸外按压的部位。如有出汗、粘贴不良随时更换。导联线头端纽扣式应先扣导连线和电极，再粘贴电极与患者，保证患者的舒适。

2. 导联的选择　优选单向主波向上无干扰的导联，如需观察心房的电活动，选择 P 波清晰的导联；QRS 波的振幅＞0.5mV，以触发心率计数。

3. 设置报警　先打开心电监护仪的报警系统，设置报警指标上下限，及时采集异常信息、安装起搏器的患者，需开启监护仪上的起搏开关及起搏脉冲分析功能，当起搏分析打开时，不检测与室性期前收缩有关的心律失常，同时也不进行 ST 段分析，应密切观察监护时室性心律的发生。

4. ST 段分析　ST 段分析功能由 "ST" 分析开关控制，测量单位为 mV，正数表示抬高，负数表示压低；测量范围为–2.0mV～+2.0mV；如果患者的心率或心电波形有明显的变化，应调整 ST 测量点，开机设置为 109ms，ISO（基点）开机设置基线点 78ms，ISO 和 "ST" 是 ST 段的两个测量点，可以调整。

5. 避免电磁波干扰　电刀、电凝器、吸引器、空间电磁场会干扰监护波形，在心电监护仪 2m² 范围内避免使用手机等移动通讯设备，以减少电磁对心电波形的干扰。

6. 心电监护仪的管理　监护仪避免紧贴墙面，应离 5cm 以上，保证监护仪排风散热。监护仪避免强光直接照射，影响波形清晰观察，保护荧光屏。用后监护仪及时保养，发生故障及时维修。便携式监护仪用后及时充电，保障随时应用。

7. 导联线的管理　监护时及时观察处理导线接触不良或者断裂，避免从腋下穿过，用后心电监护仪各导线保持整洁有序，不得折叠、相互缠绕，按时保养。

（黄丽红　姜　娜）

第二节　无创血压监护的临床应用

一、无创血压的监测原理

血压是生命体征监测的重要内容之一，它不仅是反映心血管功能的生理指标，也是反映人体循环系统的重要参数，为疾病诊断、治疗效果观察、康复过程监控和进行预后判断等决策提供了重要依据。血压的监护在临床中具有非常重要的意义。无创血压的监测分间断和连续两种方式。传统的无创间断血压监测，如柯氏音听诊法和示波法；无创连续血压监测有恒定容积法、脉搏波波速或传导时间测定法、脉搏波参数测定法等，因测量能够监测每个心动周期中的动脉血压波形变化，对失重、航天员训练等特殊环境中体现出一定优势。

（一）无创血压监护仪

无创血压监护仪（non-invasive blood pressure monitoring equipments）是指应用示波法原理，通过袖带和传感器获得的压力和脉搏信号来自动完成间接测量动脉血压的装置，主要用于对患者进行血压动态监护。无创血压监护仪包括自动循环无创血压监护设备（automatic cycling non-invasive blood pressure monitoring equipment，ACNIBPM）及动态血压监护仪（ambulatory blood pressure monitor，ABPM）等。自动循环无创血压监护设备可自动定时启动血压测量或生理参数的监护等；动态血压监护仪，患者可随身佩戴或携带，可在日常起居或活动过程中定时反复测量血压，并保存测量结果，也称作血压 HOLTER。无创血压监护参数主要监测 4 个指标：①收缩压（systolic blood pressure，SP）是在心室收缩时，动脉血压上升达到的最高值。②舒张压（diastolic blood pressure，DP）是在心室舒张末期，动脉血压下降达到的最低值。③脉压（pulse pressure，PP）是收缩压与舒张压的差值。④平均动脉压（mean arterial blood pressure，MP）是在一个心动周期中每一瞬间动脉血压的平均值约等于舒张压+1/3 脉压。

无创血压测量范围：①收缩压，成人/儿童 8.0～26.7kPa（60～200mmHg）、新生儿 5.3～17.3kPa（40～130mmHg）。②舒张压，成人/儿童 4.0～20.0kPa（30～150mmHg）、新生儿 1.3～13.3kPa（10～100mmHg）。③平均动脉压，成人/儿童 4.0～20.0kPa（40～170mmHg）、新生儿 2.6～16.6kPa（20～120mmHg）。④血压显示分辨力 0.1kPa（1mmHg）。⑤血压示值最大允许误差±1.3kPa（±10mmHg）。⑥血压示值重复性，0.7kPa（5mmHg）。

（二）无创血压监护仪监测原理

示波法又称振动法或测振法，是利用充气袖带阻断动脉血流，在慢速放气过程中，检测源于血管壁的振动波，并找出振动波的包络与动脉血压之间的固有关系，进而达到测量血压的目的。开始阶段，袖带内压力即静压大于收缩压，动脉血流被阻断，无振动波或仅有细小的振动波；当静压小于收缩压后，动脉逐渐弹开，振动波幅逐渐增大；当静压等于平均脉压时，动脉血管壁处于无负荷状态，波幅达到最大值；静压小于平均动脉压后，臂带逐渐放松，波幅逐渐减小，静压小于舒张压以后，动脉管腔已充分扩张，管壁弹性增加，因而波幅维持较低水平。将在放气过程中袖带内产生的一系列小脉冲提取出来，将其峰值连成曲线即得出包络线，并根据包络线的形状找出相应特征点判断出收缩压、舒张压和平均动脉压，其测量过程中袖带压变化如图2-37所示。

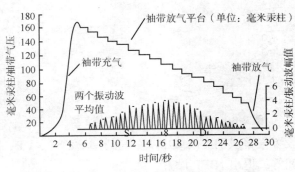

图 2-37　袖带压变化示意

图 2-37 所示的是放气式测量过程中袖带压的变化。在初始阶段，微处理器控制气泵向袖带加压至一定值（如160mmHg）以阻断动脉血流然后台阶式放气。在每个袖带压力台阶上取两个连续的幅度和时间间隔相近的波动信号的平均值，连同每个台阶上的袖带压力值构成了一个信息组，在此基础上进行曲线拟合得到近似抛物线的振动波包络线，如图2-38，再找出相应的特征计算收缩压、舒张压和平均动脉压。

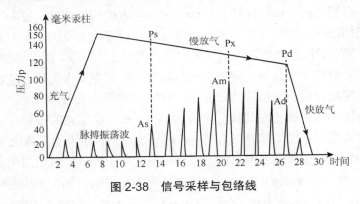

图 2-38　信号采样与包络线

示波法的优点是不易受被测者脉搏信号强弱的影响，重复性好，准确性较高，强抗干扰性、便于实时检测、不受传感器定位，是唯一能测出动脉平均压的途径。但也有不足，如易受外界振动干扰，低压测量时对于器官刚性度和放气速度较敏感。对于跟踪血压的瞬变值检测能力不佳，运动干扰十分明显，通常要在检测前判断干扰是否存在。

二、无创血压监测程序及报警设置

（一）无创血压监测操作程序

1. 为患者选择适合的无创血压袖带尺寸，排尽袖带内残余的气体。
2. 将无创血压袖带软管连接至模块的无创血压连接接口。
3. 将无创血压袖带放置在患者上臂，袖带下边缘距肘窝 2～3cm。
（1）将袖带箭头放在手臂动脉上方（上臂动脉箭头标识已印在袖带上）。
（2）将袖带缠绕在上臂，不可过松、过紧，放入一指为宜，上肢伸直。

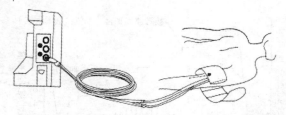

图 2-39   无创血压监护导线连接示意

（3）测量血压的肢体应与患者心脏置于同一水平位置。

4. 确保无创血压软管没有缠绕、挤压和拉伸，如图 2-39。

5. 接通电源，检验或从 NIBP 设置窗口上选择适当的 NIBP 设置，打开报警开关，设置报警级别（高或中）、报警记录及 SP、DP、MP 报警高限和低限及显示方式、间隔时间等，退出 NIBP 设置。

6. 按监护仪的无创血压（NIBP）键，监护仪开始测量，当监护仪发出一声嘟声通知已完成测定，数值显示在数字字段中。

7. 根据屏幕显示数值做好记录。

（二）无创血压监护报警设置

合理的无创血压监护报警设置能通过预设报警的安全范围，提醒医护人员及时发现并处理突发危及生命的事件，便于医护人员即时掌握患者的病情变化，提高了临床治疗和护理质量。使用无创血压监护时要将报警开关打开，并设置安全范围的报警参数。设置安全范围报警参数，是指根据患者的临床情况来设定报警的上、下限，而非单纯的仅根据心率、呼吸、血压的正常值增加或减少一定比例进行设置，使其在安全范围内使用。

设置安全范围报警值，可根据基础血压、病情、医师的医嘱设置上、下报警限。评估患者现有的生命体征后，波动在基础上下的 20%～30%，设定它的报警范围即可。报警极限值既不能设置太宽（不能对临床工作者起到警示作用），也不能设置太窄（产生过多无意义报警）。NIBP 设置提醒中强调无创血压测量不适用于严重低血压的患者，尤其是当患者的收缩压低于 50～60mmHg 时；而且自动测压需要一定的时间，无法连续显示瞬间的血压变化。对于血压不稳定的危重患者，需改用有创血压监测，对患者的血压进行实时监测。报警音量的设置必须保证护士在工作范围之内能够听到。报警范围应根据情况随时调整，至少每班检查一次设置是否合理，如图 2-40。

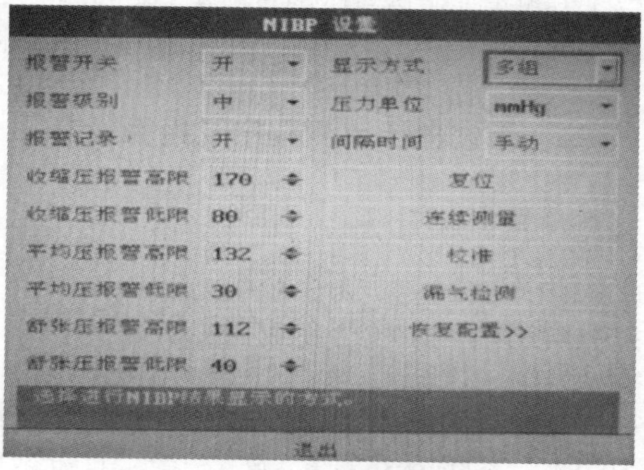

图 2-40   NIBP 设置

三、无创血压监护异常及图例

（一）无创血压监护异常

1. 血压升高　18 岁以上成年人收缩压≥140mmHg 和（或）舒张压≥90mmHg。
2. 血压降低　低于 90/60mmHg。常见于大量失血、休克、急性心力衰竭等。
3. 脉压增大　脉压大于 40mmHg。常见于主动脉硬化、主动脉瓣关闭不全、动静脉瘘、甲状腺功能亢进等。
4. 脉压减小　脉压小于 30mmHg。常见于心包积液、缩窄性心包炎、末梢循环衰竭。

（二）无创血压监护异常图例

血压升高如图 2-41，血压降低如图 2-42，脉压增大如图 2-43，脉压减小如图 2-44。

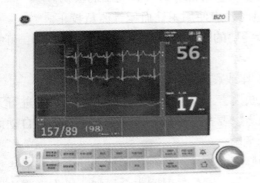

图 2-41　血压升高

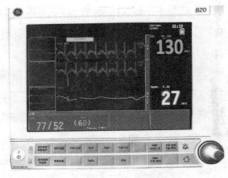

图 2-42　血压降低

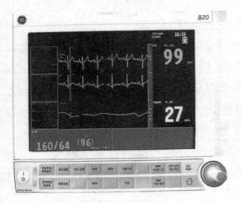

图 2-43　脉压增大

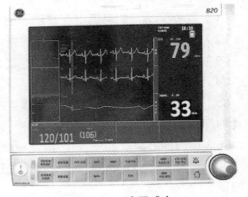

图 2-44　脉压减小

四、无创血压监护注意事项

1. 进行测量前，必须确认选定了正确的患者类型，错误的患者类型有可能危及患者安全，因为较高的成年人血压水平不适用于小儿和新生儿。

2. 对于成年人、小儿和婴儿，需选择尺寸正确的袖带，以免产生测量误差，袖带宽度应是肢体周径的 40%（新生儿为 50%），或是上臂长度的 2/3。袖带的充气部分长度应足够环绕肢体的 50%～80%。尺寸不合适的袖带会产生错误的读数。

3. 血压监护时，不能对袖带施加压力，施加压力可能使测的血压值不准。应保证连接血压袖套和监护仪的充气管通畅，不能缠结。

4. 测压时，保证记号 φ 正好位于动脉波动之上，袖带位置应该与心脏保持同一高度，患者保持平卧、安静。血压测量一般选择上臂，如上臂无法捆绑血压袖带时，可测量前臂、大腿、小腿（足踝上 5cm）的肢体血压。

5. 根据血压观察要求，设置间隔测量时间，避免过于频繁地测量血压，以免造成远端肢体血液循环不畅或肿胀等。如频繁或长时间监护时，确保袖带包扎适当，定期检查袖带部位和肢体远侧，以避免组织缺血。每 6～8 小时放松 1 次血压袖带，每次放开时间约 5min。

6. 不要将袖带置于正用于动静脉瘘、静脉输液的肢体或任何循环不畅或有可能不畅的部位，因为在袖套充气期间，当输液减慢或堵塞时，可能导致导管周围的损伤。

7. 发现血压异常或调节血管活性药物用量时，应使用汞柱血压计测量校正。

8. 心律失常将增加 NIBP 参数测定血压所需要的时间，如超过无创压测量时间，可能导致压力无法测量。

9. 无创血压监护参数不能有效测量癫痫发作或震颤、颤抖患者的血压。

10. 不可在患有镰状细胞疾病、任何有皮肤损害或预期会发生损害的患者身上进行无创血压测量。对于有严重的凝血机制障碍的患者，要根据临床评价来决定是否进行自动血压测量，因为肢体与袖套摩擦处有产生血肿的危险。

11. NIBP 测量采用振荡法，检测的是由动脉压力产生的规则的脉搏波。患者在某些状况下会导致脉搏波的难以检测，测量值变得不可靠，测量的时间也会增加。操作者应认识到以下情况对测量结果会产生干扰，使得测量结果不可靠、测量时间延长，甚至无法进行。

（1）患者移动，如患者正在移动、翻身、发抖或痉挛。

（2）心律失常，患者显示为心律失常而导致不规则的心搏时。

（3）心肺机，患者与人工心肺机连接，将不能进行测量。

（4）压力变化，监护仪正在分析动脉压力脉动以获得测量值时患者血压迅速变化。

（5）严重休克，患者正处于严重体克或体温过低，流向外周的血流的减少会导致动脉脉动的降低。

（6）极限的心率，心率低于 40 次/分或高于 240 次/分时不能进行血压测量。

（7）收缩压小于 60mmHg 时，振荡测压仪将失灵，需要监测患者血压应改为手动血压计测量。

（张善红）

第三节　呼吸监护的临床应用

监护仪的呼吸监护通常是监护危重患者、新生儿、窒息患者的呼吸频率和节律，当病情发生显著变化或出现危急时，呼吸监护仪发出报警信号，医护人员及时采取有效措施；连续监护呼吸变化趋势可以评估治疗效果和判断预后，预防呼吸系统的并发症。

一、呼吸的监测原理

呼吸监测一般是指监测患者的呼吸频率和呼吸节律。呼吸频率是指患者在单位时间内呼吸的次数，通常用次/分表示。平静呼吸时，成人一般为 12～18 次/分，随着年龄的增长，呼吸频率的次数呈下降趋势。多参数监护仪对呼吸频率的监测有多种测量方法，其中较为常见的方法有阻抗法、热敏法、气道压力法等。

（一）阻抗法监测原理

呼吸运动时，随着胸廓的弛张运动，会产生胸部组织的周期性电阻抗变化。胸部电阻抗变化与肺容量变化之间存在一定的对应关系，可以通过测量呼吸过程中胸部电阻抗的变化来间接测量呼吸频率和呼吸波形。在临床中常采用体表电极测量胸部阻抗，即用心电电极贴片，简便易行，能长时间连续监测某些呼吸参数的动态变化，适合于患者呼吸监测，如图 2-45。

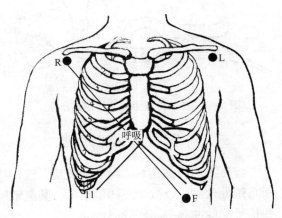

图 2-45　呼吸监测原理

由于呼吸阻抗的周期变化，两电极之间的电压也产生周期性变化，经滤波、放大后可描记呼吸曲线，呼吸曲线不但反映呼吸频率和深度，还可分析潮气量等。激励电流采用 10～100kHz 的载频正弦波，向人体注入 0.5～5mA 的安全电流，这种电流的频率在安全范围内，不会对心脏引起刺激，同时在相应的电极上获取呼吸阻抗变化的电信号，这种描记出来的呼吸阻抗地变化图就描述了呼吸动态波形，并可提取呼吸频率等参数。图 2-46 显示的是监护仪上使用的阻抗呼吸测量电路的原理框图，图中的 LL 和 RA 分别代表心电电极中的左下腹电极和右上胸电极。高频激励脉冲发生电路，将高频激励电压通过 LL 和 RA 心电电极加在人体上，注入安全电流，而两电极之间由呼吸产生的阻抗变化所引起的电信号调制在高频激励脉冲之上。该调制信号经过解调、放大、滤波以后得到呼吸波信号，最后将呼吸波信号送入中央处理器，由中央处理器计算出呼吸频率。

阻抗法属于间接式测量，胸部电阻抗与肺容量之间的相关性受许多因素影响，如体型、体重、测量电极的安放位置、受试者心动和血

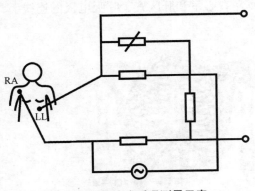

图 2-46　阻抗式呼吸测量示意

流信号的干扰等，以致其准确性受到一定限制，临床中一般用于监测呼吸频率、潮气量等参数的变化情况。在临床中采用体表电极测量胸部阻抗，对受试者无约束，临床应用中简便易行，能长时间连续监测某些呼吸参数的动态变化，适合于监护患者的呼吸。呼吸阻抗电极与心电电极合用，不必增加新的导联，即用心电电极同时检测心电信号和呼吸阻抗。

（二）热敏法监测原理

用热敏电阻作为传感器直接测量呼吸气流，将热敏电阻置于鼻腔内，可检测呼吸频率。当呼吸气流流过热敏电阻时，传热条件发生了改变，使热敏电阻的温度随呼吸气流的周期变化而发生变化，从而使热敏电阻阻值发生周期性的变化，经过传感器，将这一变化转换成与呼吸周期同步的电压信号，经放大给后续的处理电路。

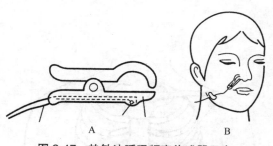

监测时热敏电阻放在夹子的直片前端外侧。监测时需将夹子夹住鼻翼，并使热敏电阻置于鼻孔之中，热敏电阻式呼吸频率传感器的示意如图 2-47A、B。

图 2-47　热敏法呼吸频率传感器示意

（三）气道压力法监测原理

将压力电传感器置入或连通气道，气道压力"压迫"传感器产生相应的电信号，经电子系统处理后，以数字或图形显示，其灵敏度和精确性较高。在气道压力监测时，利用这些信号的脉冲频率，经译码电路处理后可显示呼吸频率。

二、呼吸监护导联与波形选择

电极安放方法与心电监护的方法相同，主要利用 LA 和 RA（或 LL 和 RA）两个电极。最佳呼吸波的获取方式是将两个呼吸电极置于右腋中线和胸廓左侧呼吸时活动最大的区域。选择 I 导联测量呼吸时，应水平安放 RA 和 LA 电极，选择 II 导联测量呼吸时，应使 RA 和 LL 电极呈对角线，如图 2-48 所示。避免将左右心室和肝区置于呼吸电极的连线上，以免心脏覆盖或脉动血流产生伪差影响呼吸波形。

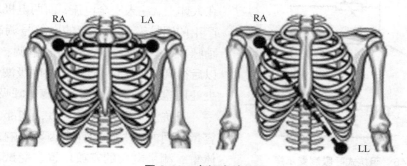

图 2-48　电极安放位置

三、呼吸监护的波形特点及图例

（一）呼吸运动

健康人在静息状态下的呼吸运动稳定而有节律，这是由中枢神经和神经反射的双重调节予以实现的。正常男性和儿童的呼吸以膈肌运动为主，胸廓下部及上腹部的活动度较大，而形成腹式呼吸；女性的呼吸则以肋间肌的运动为主，故形成胸式呼吸。实际上该两种呼吸运动均可不同程度的同时存在。疾病因素可导致呼吸运动发生改变，肺或胸膜疾病（如肺炎、胸膜炎和重症肺结核等）或胸壁疾病（如肋骨骨折、肋间神经痛等），均可使胸式呼吸减弱而腹式呼吸增强。腹膜炎、大量腹水，肝脾极度大，腹腔内巨大肿瘤及妊娠晚期时，膈肌向下运动受限，则腹式呼吸减弱，代之以胸式呼吸。

（二）正常呼吸监护的波形特点及图例

正常呼吸模式表现为呼吸规律、平稳，偶尔出现叹息呼吸，如图 2-49。正常成年人静息状态下，呼吸频率为 16~18 次/分，女性偏快，呼吸与脉搏

图 2-49　正常呼吸监护波形

之比为 1:4。在整个呼吸周期中，吸气为主动性，吸气时间较短，为 0.8~1.2s，呼气为被动性，呼气时间较长，正常人吸呼比为 1:2。

四、呼吸监护异常及图例

某些体液因素，如高碳酸血症可直接抑制呼吸中枢，使呼吸变浅。低氧血症时可兴奋颈动脉窦及主动脉体化学感受器，使呼吸变快。代谢性酸中毒时，血 pH 降低，通过肺脏代偿性排出 CO_2，使呼吸变深变慢。肺的牵张反射，亦可改变呼吸节律，如肺炎或心力衰竭时肺充血，呼吸可变得浅而快。另外，呼吸节律还可受意识的支配。

（一）呼吸频率异常

1. 呼吸过速（tachypnea）　指呼吸频率超过 24 次/分，如图 2-50。一般体温每升高 1℃，呼吸频率增加 4 次/分。病理因素常见于发热、疼痛、贫血、甲状腺功能亢进及心力衰竭。

2. 呼吸过缓（bradypnea）　指呼吸频率低于 12 次/分，如图 2-51。病理因素常见于麻醉剂或镇静剂过量和颅内压增高等。

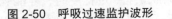

图 2-50　呼吸过速监护波形

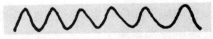

图 2-51　呼吸过缓监护波形

3. 呼吸深度的变化

（1）呼吸浅快：常见于呼吸肌麻痹、腹水和肥胖等，以及肺部疾病，如肺炎、气胸、胸膜炎和胸腔积液患者等，如图 2-52。

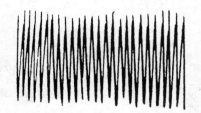

图 2-52　呼吸浅快监护波形

（2）呼吸深快：生理状态可见于剧烈运动、情绪激动或过度紧张时，因机体供氧量增加需要增加肺内气体交换，有时伴有过度通气的现象，使动脉血二氧化碳分压降低，可引起呼吸性碱中毒，患者可感到口周及肢端发麻，严重者可发生手足抽搐及呼吸暂停，如图 2-53。

（3）呼吸深慢：病理状态常见于糖尿病酮症酸中毒和尿毒症酸中毒等，可出现深而慢的呼吸，由于细胞外液碳酸氢根不足，pH 降低，导致严重代谢性酸中毒，通过肺脏排出 CO_2，进行代偿，以调节细胞外酸碱平衡，这种深而长的呼吸又称之为 Kussmaul 呼吸，如图 2-54。

图 2-53　呼吸深快监护波形　　　　图 2-54　Kussmaul 呼吸监护波形

（二）呼吸节律异常

正常成年人静息状态下，呼吸的节律基本上是均匀而整齐的。当病理状态下，往往会出现各种呼吸节律的变化。

1. 潮式呼吸　又称 Cheyne-Stokes 呼吸。是一种由浅慢逐渐变为深快，然后再由深快转为浅慢，随之出现一段呼吸暂停后，又开始重复变化的周期性呼吸。潮式呼吸周期可长达 0.5～2min，暂停期可持续 5～30s，所以要较长时间仔细观察才能了解周期性节律变化的全过程，如图 2-55。

2. 间停呼吸　又称 Biots 呼吸。表现为有规律呼吸几次后，突然停止一段时间，又开始呼吸，即周而复始的间停呼吸，如图 2-56。

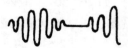

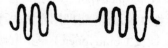

图 2-55　Cheyne-Stokes 呼吸监护波形　　　图 2-56　Biots 呼吸监护波形

潮式呼吸、间停呼吸两种周期性呼吸节律变化的机制是由于呼吸中枢兴奋性降低，使调节呼吸的反馈系统失常。只有缺氧严重，二氧化碳潴留至一定程度时，才能刺激呼吸中枢，促使呼吸恢复和加强；当积聚的二氧化碳呼出后，呼吸中枢又失去有效的兴奋性，使呼吸又再次减弱进而暂停。这种呼吸节律的变化多发生于中枢神经系统疾病，如脑炎、脑膜炎、颅内压增高及某些中毒，如糖尿病酮症酸中毒、巴比妥中毒等。间停呼吸较潮式呼吸更为严重，预后多不良，常在临终前发生。

3. 抑制性呼吸　呼吸运动短暂地突然受到抑制，常见于胸部发生剧烈疼痛所致的吸气突然中断，患者表情痛苦，呼吸较正常浅而快。常见于急性胸膜炎、胸膜恶性肿瘤、肋骨骨折及胸部严重外伤等，如图2-57。

图 2-57　抑制性呼吸监护波形

4. 叹息样呼吸　在一段正常呼吸节律中插入一次深大呼吸，并常伴有叹息声。多为功能性改变，见于神经衰弱、精神紧张或抑郁症。

五、呼吸监护注意事项

胸廓的运动及身体的非呼吸运动都会造成人体电阻的变化。当这种变化与呼吸频率检测放大器的频带同宽时，监护仪很难区分正常信号和干扰信号，进而影响对呼吸信号的判断和测量。当患者出现幅度较大而又持续的身体运动时，呼吸频率的测量可能会有一定的误差。在用多参数患者模拟器对监护仪进行检测时，如果将心率和呼吸率设置为相同数值时，呼吸率的测量将会受到影响。

1. 选取最佳位置放置电极　心电监护选择I导联时，应水平安放 RA 和 LA 电极，心电监护选择 II 导联时，应使 RA 和 LL 电极呈对角线。由于 ECG 波形对电极放置的位置要求更高，因此为了使呼吸波达到最优需要重新放置电极和导联时，必须考虑 ECG 波形的结果。

2. 良好的皮肤接触　能够保证良好的信号，波形干扰大时，应去除皮肤角质，用70%乙醇溶液涂擦，避免将电极片粘贴于骨隆突部位。

3. 排除外部干扰　患者的移动，骨骼、器官、起搏器的活动及电磁干扰都会影响呼吸信号。对于活动的患者进行呼吸监护，会产生错误警报，正常的心脏活动已经被过滤，但是如果电极之间有肝脏和心室，搏动的血液产生的阻抗变化会干扰信号。应避免将左右心室和肝区置于呼吸电极的连线上。监护仪周围应避免电子设备。

（张　臻）

第四节　血氧饱和度监护的临床应用

一、血氧饱和度的监测原理

动脉血氧饱和度指血红蛋白被氧饱和的程度，也就是血红蛋白的氧含量与氧容量的比值，用百分比表示，是反映人体血液中氧含量和呼吸功能是否正常的重要生理参数。临床上脉搏血氧饱和度和动脉血氧饱和度有显著的相关性，脉搏血氧饱和度是对动脉血氧饱和度持续监测的有效手段，常被称作血氧饱和度监护。脉搏血氧饱和度是通过动脉脉搏波动分析来测定血液在一定氧分压下氧合血红蛋白占全部血红蛋白的百分比值，可以使用监护仪连续地去监测每次搏动的血氧浓度，了解机体的氧合功能，为临床病情变化提供直观的参考指标，是一种无创监测。

（一）血氧饱和度监测原理

使用分光光度计比色原理，通过监测动脉脉动期间毛细血管床光吸收度的改变，间接了解患者的氧分压高低，从而判断机体氧供情况。血液中的血红蛋白是红细胞内运输氧的特殊蛋白质，具有光吸收的特性，其中氧合血红蛋白与游离血红蛋白吸收不同波长的光线，在波长为 $600\sim700nm$ 的红光区，血红蛋白的吸收系数远比氧合血红蛋白的大，在波长为 $800\sim1000nm$ 的红光区，血红蛋白的吸收系数要比氧合血红蛋白的小，805nm 附近是等吸收点。心电监护仪的血氧饱和度探头的上壁放置了两个并列的发光二极管，分别发出波长为 660nm 的红光和 940nm 的红外光，它们同时透射过周期性充血的脉动组织，被血红蛋白和氧合血红蛋白有选择地吸收，在探头的下壁固定的光电感应器，检测通过该部位的每种波长光的强度并转换成电信号，经电路放大和滤波等处理，计算出血氧饱和度。

（二）血氧饱和度测量方法

血氧饱和度监护可以提供血氧容积描记波（Pleth）、脉率（Plus）、百分比形式的动脉血氧饱和度（SpO_2）、灌注指标（Perf）。根据不同的测量部位和患者类别可以使用不同的传感器，例如指、趾、耳和前额传感器，目前临床常用的是指传感器，可分为指套和指夹两种形式，以及可重复使用和一次性使用两种形式。小儿监护多用耳夹法，成年人监护多用指夹法，如果患者指甲较厚或末梢循环较差时应选用耳夹法。

（三）血氧饱和度测量临床意义

血氧饱和度可以间接了解患者的氧分压的高低，以了解组织的供氧情况。正常值 96%～100%，90%～95% 为氧失饱和状态，<90% 提示有低氧血症，但是一氧化碳中毒的患者和高铁血红蛋白血症的患者，不能以血氧饱和度测量结果来判断是否存在低氧血症。

（四）血氧饱和度测量影响因素

1. 异常血红蛋白　功能异常的血红蛋白与氧合血红蛋白吸收光谱非常相近，可能会掩盖严重的低氧血症，比如一氧化碳中毒时碳氧血红蛋白升高，高铁血红蛋白血症时高铁血红蛋白升高，均会导致读数错误。

2. 注射染料　存在于血液中的可吸收 660nm 和 940nm 光的任何一种物质都会影响血氧饱和度的准确度，如静脉给药亚甲蓝时血氧饱和度快速下降，吲哚菁绿使血氧饱和度下降幅度较小，靛蓝二磺钠等影响不大。

3. 外周脉搏较弱　急危重症患者血流动力学不稳定，低灌注和末梢外周血管阻力会使血氧饱和度信号消失或者准确度降低。因为脉搏幅度降低，血氧饱和度对外部光源敏感增加而受影响，如周围光线过强会影响血氧饱和度准确度。

4. 运动伪差　患者的活动会影响吸收信号，尤其是躁动不能配合的患者，可能使血氧饱和度监测无法正常进行。

5. 静脉搏动　血氧饱和度监测是以动脉血流搏动的光吸收率为依据，静脉血的吸收光也有搏动成分，可能会影响血氧饱和度的真实性，静脉充血时读数偏低。

6. 半影效应　由于血氧饱和度传感器安放位置不当，传感器光束没有完全通过组织，而是擦边而过，即产生半影效应，使血氧饱和度的值低于正常，对低氧血症的患者的实际氧饱和度可能高估或低估。

7. 贫血　脉搏血氧饱和度读数依赖于血红蛋白对光的吸收，贫血会影响血氧饱和度的准确度，但是对于没有缺氧的贫血患者是没有影响的，贫血和缺氧的综合效应对测量结果是有影响的。镰状细胞贫血患者血氧含量降低，以及在氧解离过程中红细胞脆性增加，阻塞毛细血管终末端血流，而脉搏血氧饱和度测得的是毛细血管血红蛋白氧合，血管内的血细胞聚集和沉积会造成脉搏血氧饱和度读数降低。皮肤黑色素沉着也会影响脉搏血氧饱和度的准确度。

二、血氧饱和度监护导联与波形选择

（一）血氧饱和度监护监测程序

1. 评估被测者，应保持安静，如不能配合，应适当约束。
2. 根据监护仪的模块类型、患者类型和体重选择合适的血氧饱和度传感器。
3. 将血氧饱和度传感器插头插入监护仪的血氧饱和度接口（SpO_2），确保接触良好。
4. 清洁测量部位，保持测量部位清洁干燥，皮肤完好。
5. 正确安放传感器，探头与患者连接紧密，可明显感知动脉搏动处获得。
6. 设置与血氧饱和度相关的参数，根据患者情况设置报警。

（二）血氧饱和度监护波形的选择

读取血氧饱和度的读数，需要用血氧容积描记波形或灌注数值来评估信号质量。

1. 血氧容积描记波　Pleth 的尺寸反映了血氧饱和度信号的质量，内侧的两条格线表示得到可靠的血氧饱和度数值所需的

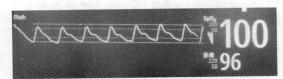

图 2-58　血氧饱和度容积描记波

Pleth 波的最小尺寸，波线峰值应接近或略超过内格线，如图 2-58。

2. 灌注数值　Perf 给出了用于计算血氧饱和度信号的质量的绝对指示，灌注数值越大，血氧饱和度的可测性就越好。1 以上时，血氧饱和度可测性是最佳的；0.3～1 时，血氧饱和度的可测性是可以接受的，但不是最好的；低于 0.3 时，信号可能仍在使用，但应进行调整，例如更换测量部位。

三、血氧饱和度监护的波形特点及图例

（一）血氧饱和度监护的波形特点

监护仪显示的血氧饱和度传感器获得的波是患者脉搏的可视指示，脉搏的容积描记，

即 Pleth，该波的脉动规律和心脏的搏动是一致的，依据重复周期，能够确定脉率。但是容积描记不直接正比于脉搏的容积，它可以自动改变为最大尺寸，只有信号质量变为边缘状态时，容积描记波才会减小，也就是振幅变小。在血氧饱和度设置菜单中可以设置波形速度，数值越大描记速度越快，波形越宽，一般监护仪可选择 6.25mm/s、12.5mm/s、25.0mm/s，通常选择 25.0mm/s。

（二）血氧饱和度监护的波形图例

1. 监护正常的患者：不同的患者，用同一台监护仪，需用相同的波形描记速度，监护的血氧饱和度波形完全不同，如图 2-59 为甲监护的正常波形，图 2-60 为乙监护的正常波形。

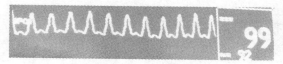

图 2-59　甲监护正常波形　　　　　　图 2-60　乙监护正常波形

2. 同一例患者，在监护时选用描记速度不同血氧饱和度波形不同，描记速度 6.25mm/s 如图 2-61；描记速度 12.5mm/s 如图 2-62；描记速度为 25mm/s 如图 2-63。

3. 在临床监护时，患者的 Pleth 波的脉动规律和心脏的搏动是一致的，如图 2-64。

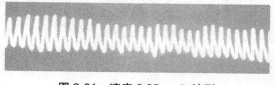

图 2-61　速度 6.25mm/s 波形

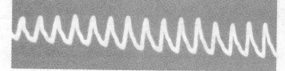

图 2-62　速度 12.5mm/s 波形

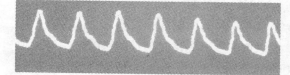

图 2-63　速度 25mm/s 波形

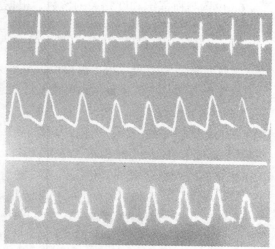

图 2-64　脉动和心搏一致

四、血氧饱和度监护异常及图例

（一）血氧饱和度数值无显示

1. 波形特点　屏幕显示血氧饱和度波形是一条直线，数值是一个问号，如图 2-65。

2. 排查方法　检查探头有无红色光闪，患者手臂有无压迫，病室环境温度是否太低。

3. 处理措施　检查延长线和监护仪连接部位，可能是导线接口接触不良导致探头内无红色光闪；避免在同一侧手臂同时测量

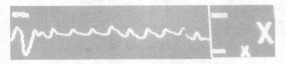

图 2-65　血氧饱和度数值无显示

血压和血氧饱和度；保证室内温度在 22～24℃，室温偏低时尽量不让患者手臂暴露在外，以免影响监测结果。

（二）血氧饱和度值时断时续

1. 波形特点　屏幕显示血氧饱和度波形时而规则，时而不规则，数值时而显示，时而不显示，如图 2-66。

2. 排查方法　患者寒战、全身发抖，患者监测部位过分运动或颤动，造成血氧饱和度监测不连续；检查延长线是否完好。

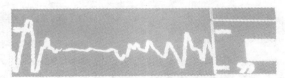

图 2-66　血氧饱和度数值断续

3. 处理措施　给患者保暖，安慰患者保持安静；如延长线已损坏，及时更换。

（三）无血氧饱和度信号

1. 波形特点　血氧饱和度波形通道显示"无信号接收"，如图 2-67。

2. 处理措施　血氧饱和度模块与监护仪主机通讯连接故障，重新开机，如果不能解决，与设备部联系。

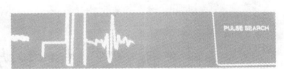

图 2-67　无血氧饱和度信号

（四）搜索超时

1. 波形特点　血氧饱和度波形通道可见不规则波形，无数值显示，如图 2-68。

2. 处理措施　检查血氧饱和度探头是否松动或更换监测部位，如果不能解决，需要重新连接监测探头，重新开机，仍不能解决，需要与设备部联系。

图 2-68　血氧饱和度搜索超时

五、血氧饱和度监护注意事项

（一）选择最佳的测量部位

1. 测量部位尽量避开动脉导管、静脉输液和血压测量的肢体。

2. 应避免与无创血压在同侧肢体同时检测，以免监测结果不准确。

3. 确保测量部位皮肤没有破损及褪色。

4. 必要时去掉佩戴部位的彩色指甲油及装饰指甲。

5. 患者指甲不能过长，不能内有污垢，不能是灰指甲。

（二）选择合适的传感器

1. 传感器大小与贴附部位吻合，确保传感器既不会掉下来，也不会产生过大的压力。
2. 传感器前端的发光管和光电感应器应互相对准，确保所有光线全部通过患者的组织，并且有小动脉通过。
3. 传感器如果破损或材料变质，应及时更换。

（三）检查测量部位

1. 每 2～3 小时检查 1 次测量部位，检查皮肤情况和探头的正确佩戴，以免造成局部皮肤受刺激。
2. 检测部位皮肤受损，应移动传感器到另一可检测部位。
3. 至少每 4 小时更换 1 次检测部位，以免检测部位皮肤受损。
4. 禁止在超过 37℃的环境中贴附传感器，以免造成严重的皮肤灼伤。

（四）保证传感器安全

1. 不能用力拉扯探头和导线，妥善固定，以免导线缠绕患者，使患者窒息，不能配合的患者应给予适当约束。
2. 不可以进行高压蒸汽灭菌、浸泡消毒、环氧乙烷消毒、辐射消毒。
3. 可以用 70%乙醇溶液擦拭传感器的外表、发光管和接收器件。
4. 要轻拿轻放，保护传感器及电缆不被尖锐的物体损伤。
5. 仔细对准插头的定位槽，避免插头内的插针变形或损坏。
6. 在磁共振成像期间禁止使用传感器，以免造成严重的烧伤。
7. 应避免将传感器靠近电外科设备及放射治疗设备，以免测量不准确。

（孔晓梅）

第五节　有创压力监护的临床应用

一、有创压力监测的原理

有创压力监护常进行动脉压和中心静脉压监护，是通过导管直接测量循环压力，监测血管内压力变化，同时可以得到压力波形，能及时准确反映循环压力变化，有助于临床早期发现、及时诊断和处理患者病情变化。与无创压力监测相比，有创压力监测更能准确、实时地反映血管内压力变化，被广泛应用于急危重症、手术及器官移植的患者。

（一）有创压力监护的原理

1. 动脉压监护原理　动脉压监护是将导管置入动脉内，直接感知血液内压强，持续、动态、及时、准确地反映血管内压力变化，并通过压力传感器将收缩压、舒张压、平均动脉压数值及波形显示于监护仪。

2. 中心静脉压监护原理　中心静脉压监护是将导管通过深部静脉（如锁骨下静脉、颈内静脉、股静脉）放置在上、下腔静脉内，直接感知血液内压强，持续、动态、及时、准确地反映右心房、上下腔静脉胸腔段压力，以判断患者血容量、心功能及血管张力的变化，并通过压力传感器将中心静脉压数值及波形显示于监护仪。

（二）有创压力监护参数

1. 动脉压监护参数

（1）收缩压（SBP）：指心室泵血时，最大的主动脉内压。主要由心肌收缩力、心排血量决定，其高低可以直接反映各器官血流供应，正常值 90～140mmHg。

（2）舒张压（DBP）：指心室舒张末期，存留在主动脉中的血流对动脉壁的压力。主要影响因素为心率、外周血管阻力。正常值 60～90mmHg，舒张压是判断冠状动脉血流供应的重要指标。

（3）脉压（PBP）：是收缩压与舒张压之差。正常值 30～40mmHg，由血容量和每搏输出量决定，大血管弹性为其影响因素。低血容量患者，脉压小；血管弹性降低，脉压增大。

（4）平均动脉压（MBP）：指在整个心动周期内，心脏给予动脉内血流的平均推动力，即心动周期的平均血压。

$$MBP=DBP+1/3PBP$$

MBP 与心排血量（CO）和外周血管阻力（PR）有关。MBP 是反映组织灌注的重要指标，正常值 60～100mmHg。

2. 中心静脉压监护参数　中心静脉压（central venous pressure，CVP），指流入右心房内胸腔大静脉压力，正常值 5～12cmH$_2$O，一般与血压同时监测，比较其动态变化更有意义，CVP 与血压关系见表 2-2。

表 2-2　中心静脉压与血压值的临床意义

CVP	BP	原因	处理原则
低	低	血容量严重不足	充分补液
低	正常	血容量不足	适当补液
高	低	心功能不全、血容量相对过多	强心、利尿、扩血管
高	正常	容量血管过度收缩	舒张血管
正常	低	血容量不足、心功能不全	给予补液试验

补液试验：取等渗盐水 250ml，5～10min 静脉输入。若血压升高而 CVP 不变，提示血容量不足；若血压不变，CVP 升高 3～5cmH$_2$O，提示心功能不全。

（三）有创压力监护影响因素

1. 动脉压监护影响因素　动脉压监护的影响因素主要有每搏输出量、心率、外周血管阻力、循环血量和血管容量等。

（1）每搏输出量：如果每搏输出量增多，心脏收缩时摄入主动脉的血量增多，主动脉和大动脉内血量变多，血管壁所受张力也增大，所以收缩期血压的升高更明显，因此，在心率和外周阻力变化不大时，主要表现为收缩压升高。

（2）心率：心率增快时，舒张期缩短，心室充盈量减少，左心室射出血液减少，主动脉内压，也就是收缩压降低；舒张期缩短，在较短时间内通过小动脉流向外周的血流减少，导致舒张期末存留在主动脉中的血量增多，舒张压增高。

（3）外周血管阻力：主要影响舒张压，骨骼肌和腹腔脏器血管是阻力血管。外周血管阻力大，心室射血时，血液从主动脉流入外周血量减少，存留在主动脉内的血量增多，导致舒张压升高。

（4）循环血量和血管容量：循环血量与血管容量系统相适应，循环血量减少或血管容量增大会引起动脉压降低，循环血量增加或血管容量减少会引起动脉压升高。

2. 中心静脉压监护影响因素　中心静脉压监测是一种压力检测，通过压力间接评价容量的指标，多种因素可影响其准确性和敏感性，如胸腹腔内的压力，心脏、血管的顺应性等。

（1）病理因素：张力性气胸、心脏压塞、右心及双心力衰竭、心房纤颤、支气管痉挛、缺氧性血管收缩、输血输液过量、肺梗死、缩窄性心包炎、腹内高压等能使 CVP 升高；低血容量、脱水、周围血管张力下降等能使 CVP 降低。

（2）神经体液因素：交感神经兴奋，儿茶酚胺、抗利尿激素、肾素、醛固酮分泌增多可使 CVP 偏高。

（3）药物因素：测压时或测压前应用血管收缩药物可使 CVP 升高；应用血管舒张药物或强心药物可使 CVP 降低；输入 50% 葡萄糖溶液或脂肪乳后测压，可使 CVP 下降，故一般用等渗液测压。

（4）其他因素：零点位置不正确（零点位置高则 CVP 偏低，低则 CVP 偏高）；体位改变，床头位置抬高或下降；插管位置过深入右心室则 CVP 偏低，插管位置过浅则 CVP 偏高；IPPV（间歇正压通气）和 PEEP（呼气末正压通气）可使 CVP 偏高。

二、有创压力监护的正常波形及图例

（一）有创压力监护程序

1. 动脉压监护实施程序
（1）评估：选择置管部位，成年人首选桡动脉，也可选择腋动脉、肱动脉、足背动脉，最后选择股动脉，选择股动脉置管应注意预防感染，加强固定。评估穿刺点及周围皮肤有无红肿、破溃、硬结。

（2）连接
①置入导管。
②将导联线接于压力模块。

③设置动脉压监测通道及标度。

④将 500ml 软包装肝素稀释液或生理盐水放置压力包内，加压 300mmHg，并悬挂于输液架上。

⑤消毒瓶口，将一次性压力传感器冲管端插入液面下，打开冲管阀排气，并将所有盖帽更换为无孔盖帽。

⑥将一次性压力传感器与导联线连接。

⑦将一次性压力传感器与动脉导管连接，冲管。

（3）校零

①传感器位置应与桡动脉测压点在同一水平线。

②应用三通将传感器通向患者端关闭，使传感器与大气相通，按校零键，屏幕显示校零结束，关闭大气端，将传感器与动脉导管相通。

③观察屏幕动脉典型波形稳定后，记录参数。

2. 中心静脉压监护实施程序

（1）评估

①评估穿刺点有无肿胀、渗出、置管深度。

②评估深静脉导管是否通畅：患者取平卧位，暴露中心静脉导管，在中心静脉接口处铺无菌巾（戴无菌手套），关闭中心静脉导管开关，打开中心静脉接口，消毒端口，接肝素生理盐水注射器，打开开关，抽回血判断导管是否通畅。将导联线接于压力模块。

③设置 CVP 通道及标度。

④将肝素稀释液或生理盐水放置压力包内，加压 100~300mmHg，并悬挂于输液架上。

⑤消毒瓶口，将一次性压力传感器冲管端插入液面下，打开冲管阀排气。

⑥将一次性压力传感器与导联线连接。

⑦将一次性压力传感器与 CVP 导管连接，并冲管。

（2）校零

①将传感器置于患者右心房水平（即右侧第 4 肋间平腋中线）。

②开始归零：先将传感器通向患者端关闭，使传感器与大气相通，按归零键，屏幕显示归零结束，关闭大气端，将传感器与中心静脉导管相通。观察屏幕 CVP 典型波形稳定后，记录参数。

（二）动脉压监护正常波形及图例

1. 正常动脉波形的形成　动脉压波形分为收缩相、舒张相及重搏切迹，见图 2-69。

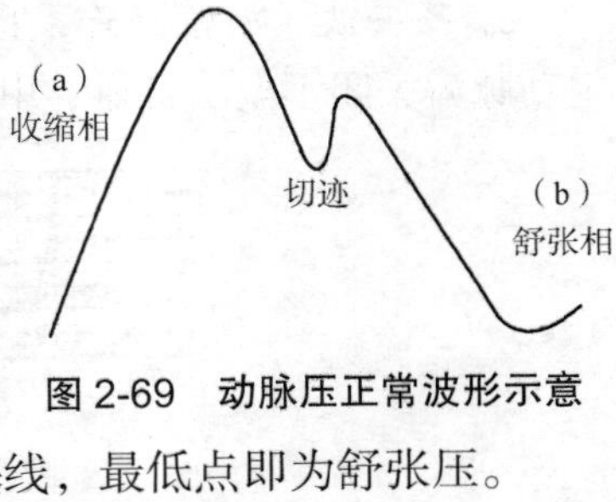

（1）收缩相（a）：心室收缩期，左心室快速射血，主动脉瓣开放，形成动脉压波形的上升支，峰波和下降支的前部，最高点即为收缩压。

（2）舒张相（b）：血流从主动脉到周围动脉，压力波下降，主动脉瓣关闭，直至下一次收缩开始，波形下降至基线，最低点即为舒张压。

（3）重搏切迹：反映了主动脉瓣关闭。

图 2-69　动脉压正常波形示意

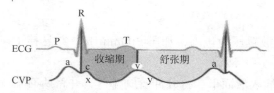

图 2-70 中心静脉压正常波形示意

2. 中心静脉压监护正常波形及图例 典型的 CVP 波形包括 3 个正向波（a 波、c 波和 v 波）和 2 个负性波（x 波、y 波），见图 2-70。

（1）a 波：为心房收缩，房内压升高，形成 a 波的升支，心房舒张，房内压降低，形成 a 波降支，a 波出现在心电图的 p 波之后，P-R 间期内，通常是最大的波。

（2）c 波：右心室收缩早期，血液向上推动已关闭的三尖瓣，使之突向右心房，使右心房压力升高，形成 c 波升支，心室射血后容积减小，三尖瓣向下移动，导致右心房压力降低，形成 c 波降支，出现在心电图的 QRS 波末，RST 连接处，P-R 间期缩短，可使 a 波、c 波融合。

（3）x 波：右心室收缩中期，右心房舒张，其收缩力对心房产生负向压力，形成 x 波降支，心室收缩结束，心房舒张，血液回流至右心房，心房压逐渐升高，形成 x 波升支。

（4）v 波：右心室收缩末期，右心房舒张期，静脉血不断回流至右心房，此时三尖瓣处于关闭状态，故房内压不断升高，形成 v 波升支。心房舒张末，三尖瓣开放，房内压降低，形成 v 波降支，出现在心电图的 T 波左右。

（5）y 波：右心室舒张早期，血液流入右心室，心房压力持续下降，形成 y 波降支，心房开始收缩，心房压力开始上升，形成 y 波升支。心动过速，舒张期过短，可是 y 波变短，a 波、v 波融合。

三、有创压力监护异常波形及图例

（一）动脉压监护异常波形及图例

1. 圆顿波 波幅中等度降低，上升和下降缓慢，顶峰圆顿，重搏切迹不明显；见于心肌收缩力降低、血容量不足、套管针堵塞等，见图 2-71。

2. 低平波 波幅低平，上升和下降缓慢，严重低压，见于低血压休克和低心排血量综合征，见图 2-72。

图 2-71 动脉压圆顿波波形示意

图 2-72 动脉压低平波波形示意

3. 高尖波 波幅高耸，上升支陡，重搏切迹不明显，舒张压低，脉压宽；见于高血压、主动脉瓣关闭不全、贫血、甲状腺功能亢进等，见图 2-73。

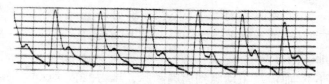

图 2-73 动脉压高尖波波形示意

4. **不规则波**　波幅高低不等，形态不一，波形间距不等；见于心律失常，见图 2-74。

心房纤颤时不规则波形

期前收缩二联律时不规则波形

图 2-74　动脉压不规则波波形示意

（二）中心静脉压监护异常波形及图例

中心静脉压升高的原因有容量负荷过多、右心室功能衰退、三尖瓣狭窄及反流、心脏压塞、限制性心包炎、肺动脉高压、慢性左心功能衰竭；中心静脉压降低的原因有血容量下降。

1. **a 波较大**　常见于三尖瓣狭窄、心室顺应性降低、心房与心室不同步、三度房室传导阻滞、任何其他原因引起的房室分离。如果因心律失常引起较大的 a 波（又称大炮波，cannon wave），与 v 波重叠；如果因导致心房和心室同时收缩的心律失常引起，较大的 a 波可能会持续或间断出现，见图 2-75、图 2-76。

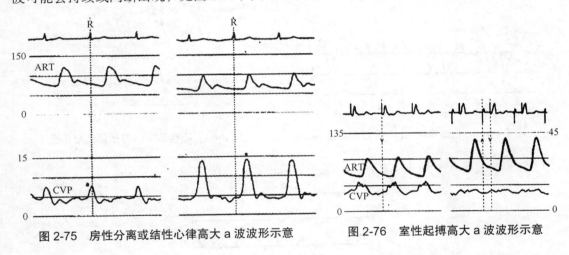

图 2-75　房性分离或结性心律高大 a 波波形示意

图 2-76　室性起搏高大 a 波波形示意

2. **a 波消失**　导致 P 波消失的心律失常能导致 a 波消失，如心房纤颤、结性心律、起搏心律、室性心律等。心房纤颤时，a 波消失，c 波明显，因为舒张末期和收缩早期心房容量更大，见图 2-77。

3. **c 波、v 波宽大**　常见于三尖瓣反流，CVP 波形右心室化，v 波宽度和高度改变。右心室舒张末压数值会高估，应取心电图对应 R 波峰的 CVP 压力值，见图 2-78。

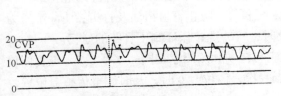

图 2-77　心房纤颤时 a 波消失波形示意

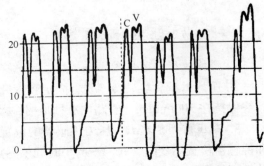

图 2-78　三尖瓣反流 c、v 波波形示意

4. a 波突出，y 段变缓　见于三尖瓣狭窄，见图 2-79。

5. a、v 波突出和 x、y 段变陡　见于心包缩窄，波形常呈 M 形或 W 形，舒张早期 y 段变短，出现舒张中期平台或 h 波（也称方征），这种凹陷和平台是心包缩窄时心室压力波的特征，可在 CVP 波形中看到，见图 2-80、图 2-81。

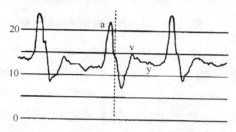

图 2-79　三尖瓣狭窄时 a、v 波波形示意

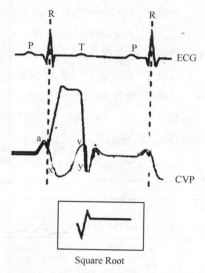

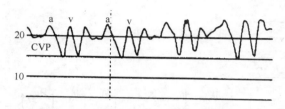

图 2-80　心包缩窄时 a、v 波波形示意

图 2-81　心包缩窄的方根型波形示意

6. x 波变陡和 y 波变小或消失　见于心脏压塞，见图 2-82。

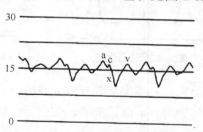

图 2-82　心脏压塞时 x、y 波波形示意

四、有创压力监护注意事项

（一）动脉压监护注意事项

1. 严格执行无菌技术操作规程　动脉穿刺部位每日消毒更换无菌敷料，防止感染。

2. 保持测压管路通畅　妥善固定套管针、延长管、防止管道扭曲及打折；使冲洗压力始终保持在 300mmHg，管路内有回血时，及时进行冲洗；保证测压管路的通畅。

3. 测压前调整零点　压力传感器的位置应与桡动脉测压点在同一水平线上，患者体位和传感器位置不变时，每 4～6 小时调整零点一次，体位改变时，及时调整传感器位置，并重新校零。

4. 防止空气栓塞　在测压、取血、校零等过程中，防止空气进入动脉。

5. 其他　观察动脉穿刺部位有无出血、肿胀，导管有无脱落，远端皮肤颜色和温度等；拔管后压迫局部，防止出血。

（二）中心静脉压监护注意事项

1. 保持测压管道通畅　测压装置要进行持续冲洗，怀疑有管路堵塞时，不能强行进行冲洗，应立即用尿激酶 1 万 U 注入导管中，2～3min 后回抽，可将血凝块吸出。

2. 防止空气栓塞　测压前，先排尽管道中的气泡，防止空气栓塞，管道系统连接紧密。

3. 测压前要校正零点　传感器置于心脏水平，平卧位即右侧第 4 肋间腋中线水平，侧卧位右侧第 3～4 肋间。

4. 准确监测并尽可能排除影响 CVP 的因素　正压通气、应用 PEEP，使 CVP 升高，测压时病情许可，暂时脱开呼吸机或停用 PEEP；咳嗽、吸痰、呕吐、躁动应在安静后 10～15min 再监测。

5. 应用药物时注意事项　不宜在测压冲洗系统内加入血管活性药物及其他急救药物或钾溶液，防止测压时中断药物的输入，或测压后药物随溶液快速滴入体内引起血压或心率的变化，甚至危及生命。

6. 预防感染　穿刺部位每 1～2 日消毒换敷料，观察穿刺点有无炎性反应，定时更换测压管道，尽量减少抽血注射机会，严格无菌操作。

（马晓欢）

第六节　体温监护的临床应用

机体温度分为体核温度及体表温度。体温也叫体核温度，是指身体内部胸腔、腹腔及中枢神经的温度，它具有相对稳定性较高的特点。皮肤温度也叫体表温度，是指皮肤表面的温度，它可受环境温度和穿着衣物等情况的影响，并且低于体核温度。医学上所指的体温是指机体深部的平均温度，体温的相对恒定是机体新陈代谢和生命活动正常进行的必要条件之一。体温是重要的生理学指标之一，它与心率、血压、呼吸一样是四项基本体征之一。连续监测体温有助于医护人员了解患者病情发展状况，及时诊断处理患者病情，因此体温监测是一项必不可少的监护。

一、体温监测原理

热敏电阻的体温测量原理是针对热敏传感器和人体接触后的热平衡对热敏传感器阻值的影响程度来获得体温信息的，由体温电路的驱动部分向热敏传感器施加特定恒定的电流，将热敏传感器的阻值改变转换成电压改变，再通过放大、滤波和基于软件的信号变换来进一步得到温度值。监护仪中的体温测量一般都采用负温度系数的热敏电阻作为温度传感器，根据热敏电阻的阻抗值随温度变化而变化的特性而获得温度测量。

二、体温监护导联与波形选择

（一）体温监护实践步骤

1. 将温度电缆插入插口，使插头和插座接触良好。见图 2-83 温度电缆插口及体温导线。

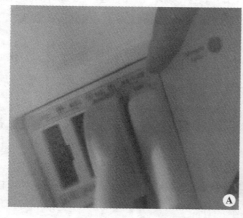

图 2-83　温度电缆插口（A）及体温导线（B）

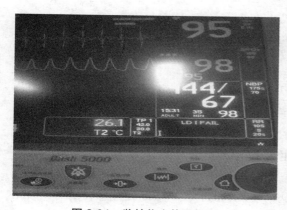

图 2-84　监护仪上体温标识

2. 将探头牢牢的粘贴在患者身上（腋下或是肛门），探头的金属面与皮肤接触良好，且在 5min 之后可得到稳定的体表温度。

3. 设置与体温相关的参数和模式。

（二）体温监护参数

监护仪临床体温监测两个指标：

T1 标识是设置体温一的标识名称，监护仪上体温标识见图 2-84。

T2 标识是设置体温二的标识名称，选择体温的单位可选择"℃"。

（三）体温监护波形的选择

单位设置选择体温的单位，可选择"℃、℉"。

T1 标识设置体温一的标识名称，可选择"T1、Eso、Naso、Tymp、Rect、Blad、Skin"。

T2 标识设置体温二的标识名称，可选择"T2、Eso、Naso、Tymp、Rect、Blad、Skin"。

标识名含义：食管温度（Rect），鼻咽温度（Naso），鼓室温度（Tymp），直肠温度（Eso），膀胱温度（Blad），皮肤温度（Skin）。

（四）体温测量的影响因素

1. 体温探头正常情况是夹紧于患者腋下，若是昏迷危重患者，则可用胶布将探头粘贴牢固。体温探头夹得过松，会使测得的数值偏低。

2. 测温前 20～30min 无进食、冷热敷、灌肠等情况。

3. 直肠温度易受肠道内粪便的影响。

4. 因为体温传感器通过金属表面的热传导实现体表温度测量，所以一定要使探头的金属面与皮肤接触良好，且在 5min 之后可得到稳定的体表温度。

三、体温监护的正常范围

内脏温度能较好的反映体内真实温度，准确性也较皮温要高，尤其是对危重和接受低温疗法的患者。各部位正常体温值范围见表 2-3。

表 2-3　正常体温值范围

部位	平均温度[℃（℉）]	正常范围（℃）
口温	37.0（98.6）	36.3～37.2
肛温	37.5（99.5）	36.5～37.7
腋温	36.5（97.7）	36.0～37.0

四、体温监护的异常

低温治疗已成为重症医学科救治危重患者的重要手段之一。低体温对脑有保护作用，在 30～33℃的低体温环境对脑有最充分的保护作用的结论是在 20 世纪 80 年代后期提出的。若达到 33℃的低体温，既可减轻心脏负担又可以降低重症感染的危险性。

体温监测是亚低温治疗的重要组成部分。亚低温治疗是否有效，是否有并发症的发生，在一定程度上与体温的控制情况密切相关。一般情况下，应保持患者的肛温在 34～35℃。若患者的体温超过 36℃，亚低温治疗的效果较差，若低于 33℃，易出现呼吸循环功能异常，体温低于 28℃易出现心室颤动。对于体温过低的患者，应适当降低冬眠合剂的量，必要时停用并对患者采取加盖被子、使用暖水袋等保暖措施。

亚低温治疗注意事项如下。

1. 适应证　心肺复苏术后，高热惊厥，低温麻醉，颅内损伤，颅内感染等。

2. 体温　体温控制在 34～35℃，降温开始时间越早越好，一般 24～72h。

3. 并发症　增加感染发病率、心血管功能不稳定、凝血功能障碍、血糖升高、多尿及电解质紊乱。

4. 复温　每小时回升 0.25～0.5℃，防止出现高热。

5. 禁忌证　合并低血压，休克尚未纠正或有出血倾向，患有严重心肺疾病，小于 16 岁，大于 70 岁的老年患者，有严重复合伤或是已处于全身衰竭期。

五、体温监护的注意事项

1. 体温探头正常情况是夹紧在患者腋下，如果是昏迷危重患者，则可用胶布将探头粘贴牢固。夹过松，会使测得的数值偏低。

2. 密切观察体温变化，体温异常患者需连续监测，观察并记录采取的措施及治疗效果。

3. 外周循环差的患者，要同时监测皮肤温度和中心温度，观察温差变化。

4. 因为体温传感器通过金属表面的热传导来实现体表温度测量，所以一定要使探头的金属面与皮肤接触良好，并且在 5min 后可得到稳定的体表温度。

5. 体温探头注意保护，不应掉在地上，以免踩坏、碰坏。

（宋　平）

第七节　急救/转运监护仪的临床应用

急危重症患者、手术患者、急诊患者等为了能够在更合适的医疗单元获得更加专业的医疗或护理照顾，需要对患者进行转运；院外患者的救护转运、院内危重症患者、急诊患者的特殊检查，都需要实时监测患者的生命参数指标，急救/转运监护仪根据救护现场及转运的需要而设计，追求急诊、急救、转运的实用性、便利性和可靠性，整机小巧轻便、易携带、结实稳定、防水、防火、耐摔，可在野外强日光下清晰显示，可在各种恶劣的环境下使用，可满足军队医院、社区医院和医疗机构在野外的急诊、急救/转运的使用需求。

一、急救/转运监护原理

（一）急救/转运监护仪监护原理与特征

急救/转运监护仪具有多参数监护仪监护原理，并有其特征：①体积小、大能量，标准配置心电/心率、血氧/脉率、无创血压、呼吸、体温，可选配监测呼吸末二氧化碳。②彩色触摸屏，防刮花设计，支持多种输入法。③触摸屏及快捷键操作，支持血压测量、患者信息、趋势图回顾、趋势表回顾、报警音量、心搏音量、连续监测、监护仪设置、主菜单快捷设置；质量体积小，轻便携带，防水、防震、抗摔性能，适于复杂环境，使用于急救转运过程患者监护。④可作为插件模块插入不同机型，可作为一个独立的监护设备使用，方便临床患者数据管理。⑤支持车载电源，急救监护锂电池工作时间大于 8h。⑥支持数据掉电保存，长时间趋势图/表，在无创血压测量数据、报警时间，全息波方面品质卓越。⑦支持有线、无线连接中央工作站。

（二）急救/转运监护参数

急救/转运监护仪常用监测指标：①无创血压（NIBP）是反映心血管功能的最基本监测项目。影响血压的因素包括心排血量、外周血管阻力、血容量、血管弹性、血液黏滞度等。②心电监护（ECG），心电（ECG）的产生是患者心脏连续的电活动，并在监护仪上用波形和数值的形式将它显示出来，以准确地评估患者当时的心脏生理状态，应保证心电电缆的正常连接，这样才能获得正确测量值。③呼吸（RESP），监护仪从两个电极的胸廓阻抗值测定呼吸，两个电极间的阻抗变化，屏幕上产生呼吸波。监护呼吸电极的安放相当重要，部分患者，横向扩展其胸廓导致了负性胸廓内压，最好将两个呼吸电极置于右腋中线和胸廓左侧呼吸时活动最大的区域以获取最佳呼吸波。④血氧饱和度（SPO_2）是利用脉搏氧饱和度仪持续无创经皮肤测得的动脉血氧饱和度值。这是一种连续的、无创伤测定血红蛋白氧饱和度的方法。它测定的是从传感器光源一方发射的光线穿过患者组织（如指或耳），到达另一方的接收器。穿过的光线数量取决于多种因素，其中大多数是恒定的。但是，这些因素之一即动脉血流随时间而变化，因为它是脉动的。通过测定脉动期间吸收的光线，就可能获得动脉血液氧饱和度。检测动脉本身就可以给出一个"容积描记"波形和脉率信号。

急救/转运多功能监护仪能够动态连续监测心电图波形、呼吸、心率（律）、无创血压、血氧饱和度的变化，可以及时发现异常参数，自动报警并记录，确保患者安全到达相应科室，为转运和抢救患者提供保障及依据。

二、急救/转运监护的导联与波形选择

（一）操作程序

1. 取下急救/转运监护仪。
2. 将患者平卧位或半卧位。
3. 打开主开关。
4. 用生理盐水棉球擦拭患者胸部粘贴电极处的皮肤。
5. 贴电极片，避开伤口及除颤部位，连接导联线（如纽扣式连线先连接电极片与导联线上，再贴于患者皮肤），屏幕上心电示波出现。
6. 正确安放血压计袖带，松紧适宜，按下"开始"键自动测量血压。
7. 将氧饱和度指套夹在患者手指上，自动测量氧饱和度。
8. 调节参数，设置各个生理参数的报警上下限、波形、导联、无创血压自动测量的时间间隔等。
9. 正确连接后，观察患者生命体征情况是否稳定再行转出、检查，检查途中要将监护仪放置在安全并能随时看到的位置，密切观察患者生命体征情况，防止监护仪的摔落。
10. 急救/转运监护仪外形紧凑小巧，可在颠簸的环境下正常工作；可将测量数据实时上传，实现无缝隙数据转移；转运时观察蓄电电量，满足需求。

（二）无创血压监护波形的选择

进入"NIBP 设置"有 2 种方式。
（1）点击 NIBP 参数区域，直接可以进入"NIBP 设置"菜单。
（2）通过按"快捷键"进入"快捷键"窗口，在此窗口中选择"主菜单"，进入"测

量设置"菜单，再选择"NIBP 设置"，如图 2-85。

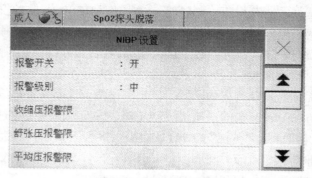

图 2-85　无创血压设置

①报警开关：选择"开"则在压力报警时进行报警提示及存储，选择"关"则不报警，并在屏幕参数区 NIBP 旁"静音"提示。

②报警级别：有"高""中""低"3 个选项。

③收缩压、舒张压和平均压报警限是根据设定的高限与低限进行的，当压力超出高限或低于低限值时就进行报警。收缩压、平均压和舒张压可以分别进行报警处理。

④测量模式：成年人、儿童、新生儿。选择合适的血压测量模式：成年人、儿童或者新生儿。

⑤压力单位：可选 mmHg 或 kPa。

⑥间隔时间：自动测量间隔时间（单位：min）。可以在 1、2、3、4、5、10、15、30、60、90、120、180、240、480min 中选择。选定间隔时间以后，按 NIBP 键就开始第一次自动测量充气了，要结束自动测量应在测量间隔期间选中"手动"回到手动模式。

⑦预充气值：可设置的范围为 80～240mmHg（步进为 20mmHg）。建议成年人 160mmHg、儿童 120mmHg、新生儿 80mmHg。

⑧显示颜色：参数显示颜色有绿色、青色、红色、黄色、白色、蓝色、紫色。

⑨复位：血压泵的测量状态复位。按下复位键可以使血压泵的充气值恢复初始设置，当血压泵工作不正常但监护仪不能提示问题原因时，建议使用此键。因为这时血压泵进行自我检查，从而使因意外原因导致泵工作异常情况自动恢复。

⑩连续测量：当选启动连续测量项后，系统立即进行连续测量；要结束连续测量应按面壳上的血压测量键停止该项的测量。

⑪校准（压力校准）：用于 NIBP 压力校准，应至少每两年或者当你认为读数不准确时进行一次。

⑫漏气检测：用于检测 NIBP 气路的密闭状态是否良好。

⑬缺省配置：选中此项进入"NIBP 缺省设置"对话框，用户可以分别选择"否"或"是"来退出或选择"将要采用默认配置，原来的配置将被覆盖"。

（三）心电监护波形的选择

1. ECG 波形设置　点击屏幕 ECG 波形处，进入"ECG 波形设置"，如图 2-86。

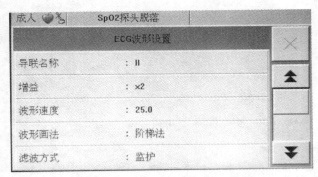

图 2-86　ECG 波形设置

（1）导联名称：当 ECG 采用三导联、五导联或者十二导联时，所显示的导联名称不同。

1）当 ECG 采用五导联时，可选导联有 Ⅰ、Ⅱ、Ⅲ、aVR、aVL、aVF、V。

2）当 ECG 采用三导联时，可选导联有 Ⅰ、Ⅱ、Ⅲ。

3）当 ECG 采用十二导联时，可选导联有 Ⅰ、Ⅱ、Ⅲ、aVR、aVL、aVF、V_1、V_2、V_3、V_4、V_5、V_6。

（2）增益：用于调节 ECG 波的波幅大小。可以选择的增益有×0.25、×0.5、×1、×2档及自动方式，自动方式是由监护仪自动调节增益。在各道心电波形右侧给出了 1mV 的标尺，1mV 的标尺的高度与波幅成比例。当 ECG 波形增益选择"×2"时，后幕第二通道的波形被暂时隐藏起来，当 ECG 增益重新设置为其他档位后，第二通道的波形重新显示出来。

（3）波形速度：心电波形扫描速度有 12.5mm/s、25.0mm/s 和 50.0mm/s 三档可选择。

（4）波形画法：色阶法、阶梯法，仪器默认为"阶梯法"。

（5）滤波方式：有 3 种滤波方式，分别为诊断、监护和手术。

（6）导联类型：选择与您使用的导联线匹配的导联类型，可选择的有三导联、五导联或者十二导联。

2. ECG 设置　进入"ECG 设置"有 3 种方式。

（1）点击 ECG 波形处，进入 ECG 多项设置找到 ECG 设置菜单。

（2）点击 ECG 参数区域直接可以进入 ECG 设置菜单。

（3）通过按"快捷键"进入快捷键窗口，在此窗口中选择主菜单，进入"测量设置"菜单再选择 ECG 设置，如图 2-87 所示。

1）心率报警：选择"开"则发生心率报警时进行报警提示及存储，选择"关"则不报警。

2）报警级别：可选"高""中""低"3 个选项。

3）报警设置：用于设置心率报警的高、低限，当心率超出高限或低限时就进行报警。

4）工频抑制：抑制所采集信号中 50Hz 或 60Hz 频率成分。开、关。设置为"开"时，在波形抖动较频繁（如波形有毛刺）时使用，以供电源频率进行滤波，设置为"关"时，不进行滤波。

图 2-87　ECG 设置

5）波形颜色：绿色、青色、红色、黄色、白色、蓝色、紫色。

6）如果监护仪带有 ST 段分析和心律失常分析、这部分内容的使用方法参见"ST 段监护"与"心律失常分析"。

7）ECG 校准：当 ECG 在校准时，不能监护患者。在仪器屏幕的底端提示："校准时不能监护患者，停止校准需回到'ECG 设置'选择'停止 ECG 校准'菜单"。

8）缺省配置：送择"缺省配置"对话框，用户可以分别选择"是"或"否"来退出或者选择"将要采用默认配置，原来的配置将被覆盖"。

3. 设置 ST 段分析　进入"ECG 设置"选择"ST 段分析"。

（1）ST 段分析：此开关用来设置 ST 段分析的状态，当开关打开时，才能进行 ST 段分析。

（2）报警开关：选择"开"则在 ST 分析结果报警时进行报警提示及存贮，选择"关"则不报警，ST 报警只有其测量值超出 ST 报警高限或 ST 报警低限时才被触发。

（3）报警级别：用于设置 ST 报警级别，有三个选项，分别为"高""中""低"。

（4）ST 报警限：用于设置 ST 段报警的高限和低限。

1）高限：最大高限值为 2.0，最小高限值必须高于所设低限值的–1.9。

2）低限：最大高限值为 1.9，最小低限值必须高于所设低限值的–2.0。

4. 设置心律失常分析　进入"ECG 设置"选择"心律失常分析"。

（1）心律失常分析：监护时选为"开"，缺省为"关"。

（2）报警开关：选择"开"则进行报警提示及存储，选择"关"则不进行 PVCs 报警。

（3）报警级别：有"高""中""低"3 个选项。

（4）PVCs 报警高限：PVCs 报警是根据设定的报警高限进行的，当 PVCs 超出高限时就进行报警。

PVCs 报警限制：PVCs 最高 10，最低 1，单次调节量 1。

（5）ARR 报警设置：设置心律失常报警。

1）心律失常选项：在菜单中，可以设置的选项有全部、ASYSTOLE、VFIB/VTAC、RONT、VT＞2、COUPLET、PVC、BIGEMINY、TRIGEMINY、TACHY、BRADY、PNC、PNP、MISSED、BEATS。

2）报警开关：开、关。

3）报警级别：高、中、低。

（四）呼吸监护波形的选择

1. RESP 波形设置　点击屏幕第二通道上的波形，如果当前为 RESP 波形，直接进入菜单即可。如果当前为 SpO_2 波形或者 CO_2 波形，进入菜单之后，在"切换波形"中选择"RESP"，然后重新进入菜单即可。

（1）波形速度：可选的呼吸波速度有 6.25mm/s、12.5mm/s、25.0mm/s 三档。

（2）增益：用户可以设置 RESP 波形的增益，放大、缩小波形显示的幅度，可以选择的增益有×0.25、×0.5、×1、×2。

（3）波形样式：填充、线条。

（4）切换波形：当本监护仪同时拥有 SpO_2、CO_2、RESP 监护功能时，通过此菜单可对第二通道上显示的波形进行切换。

2. RESP 设置　进入"RESP 设置"有 3 种方式。

（1）如果界面没有 RESP 参数显示，点击第二通道波形处，进入"××波形设置"，将"切换波形"设置为"RESP"之后，重新点击第二通道波形处即可找到"RESP 设置"菜单。

（2）当界面有 RESP 参数显示，点击 RESP 参数区域，直接可以进入"RESP 设置"菜单。

（3）通过按"快捷键"进入"快捷键"窗口，在此窗口中选择"主菜单"，进入"测量设置"菜单，再选择"RESP 设置"，如图 2-88。

图 2-88　RESP 设置

1）警报开关：选择"开"则在呼吸率报警时进行报警提示及存贮，选择"关"则不报警。

2）报警级别：可选项有"高""中""低"。

3）窒息报警：设置判断患者窒息的时间，在 10~40s；同时也可以选择"不报警"选项。

4）报警限设置：用于设置报警的高限和低限。呼吸率报警是以设定的高限与低限为标准，当呼吸率超出高限或低于报警限值时就报警。

5）波形颜色：波形颜色有绿色、青色、红色、黄色、白色、蓝色、紫色。波形与测量参数颜色一致。

　　6）缺省设置：选择此项进入"RESP 缺省设置"对话框，用户可以分别选择"否"或"是"来退出或者选择"将要采用默认配置，原来的配置将被覆盖"。

（五）血氧饱和度监护波形的选择

　　1. SpO_2 波形设置　点击屏幕第二通道上的波形，如果当前为 SpO_2 波形，直接进入菜单即可。如果当前为 RESP 波形或者 CO_2 波形，进入菜单之后，在"切换波形"中选择"SpO_2"，然后重新进入菜单即可。

　　（1）波形速度：可选的呼吸波速度有 6.25mm/s、12.5mm/s、25.0mm/s 三档。

　　（2）波形样式：填充、线条。

　　（3）切换波形：当监护仪同时拥有 SpO_2、CO_2 和 RESP 监护功能时，通过此菜单可对第二通道上显示的波形进行切换。

　　2. Digital、Nellcor SpO_2 设置　进入"SpO_2 设置"有 3 种方式。

　　（1）如果界面没有 SpO_2 参数显示，在标准界面点击第二通道波形处，进入"××波形设置"，将"切换波形"设置为"SpO_2"之后，重新点击第二通道波形处即可找到"SpO_2设置"菜单。

　　（2）当界面有 SpO_2 参数显示，点击 SpO_2 参数区域，直接可以进入 SpO_2 设置菜单。

　　（3）通过按"快捷键"进入"快捷键"窗口，在此窗口中选择"主菜单"，进入"测量设置"菜单，再选择"SpO_2 设置"，如图 2-89。

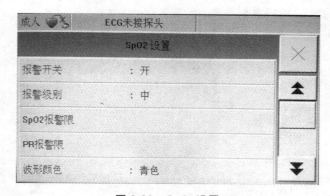

图 2-89　SpO_2 设置

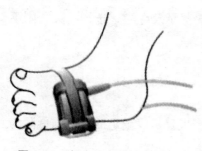

图 2-90　新生儿血氧探头的安放

　　1）报警开关：选择"开"则在 SpO_2（血氧饱和度）报警时进行报警提示及存储，选择"关"则不报警。

　　2）报警级别：用来设置报警级别，可选项有"高""中""低"三级，"高"表示最严重的报警事件。

　　3）智能报警：禁用和 10s、25s、50s、100s；例如，智能报警范围设置为 50，NELLCOR 血氧的报警上限为 97%，下限为 90%，实测的血氧数值为 80%保持 3s，然后，跌落到 78%并保持 2s，从超出报警限时开始计算，要连续超出报警限 5s 后即立刻进行声光报警，在血氧数值旁边的圆也画回到原点。智能报警目的是为了减少误报警，让医师更加准确、及时的掌握血氧变化。

三、急救/转运监护的正常波形及图例

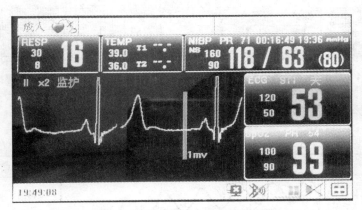

图 2-91　急救/转运监护的正常波形

四、急救/转运监护异常波形及图例

在急诊转运监护过程中，常会出现各种危急情况，如危险性心律失常如心室颤动、室性心动过速、室上性心动过速、三度房室传导阻滞、窦性停搏；高血压危象或严重休克；窒息及呼吸困难（大于 40 次/分或小于 10 次/分）及血氧饱和度低于 60% 的情况，应立即就地抢救，同时呼叫附近医务人员协助抢救，记录各项监测指标数值、意识活动状态、转运途中治疗和抢救经过等。

　　1. 转运监护心电图异常波形及图例

（1）心室颤动：转运过程中，患者突然意识丧失，甚至抽搐，监护仪出现无法辨认 QRS 波群、ST 段与 T 波波形，振幅及频率极不规则，见图 2-92。应立即停止转运，就地抢救。

（2）室性心动过速：3 个或 3 个以上的室性期前收缩连续出现；宽大畸形的 QRS 波，时限超过 0.12s；ST-T 波方向与 QRS 波群主波方向相反；心率通常为 100～250 次/分，节律可略不规则，见图 2-93，应立即给予药物处理。

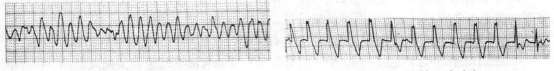

图 2-92　心室颤动　　　　　　　　　　　图 2-93　室性心动过速

（3）三度房室传导阻滞：P-P 间期和 R-R 间期有各自的规律性，P 波与 QRS 波群无关；P、F 或 f 波频率常较 QRS 波群频率快；QRS 波呈逸搏心律，若房室传导阻滞水平较高，异位起搏点位于房室束分叉以下，则 QRS 波群宽大畸形，频率常 <40 次/分。见图 2-94，

给予药物处理或通知转入科室做好必要准备。

（4）窦性停搏：窦性P波；在一段较长间歇中窦性P波缺如，出现一个长窦性P-P间歇，其与短窦性P-P间歇之间无整倍数关系；在长间歇后常出现交界区性逸搏或室性逸搏。见图2-95，转运途中给予药物处理。

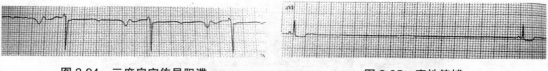

图 2-94　三度房室传导阻滞　　　　　　　　图 2-95　窦性停搏

2. 转运监护呼吸异常波形及图例　见表2-4。

表 2-4　异常呼吸形态

呼吸名称	呼吸形态	特点
正常呼吸		规则、平稳
呼吸过速		规则、快速、超过 24 次/分
呼吸过缓		规则、缓慢、低于 12 次/分
深度呼吸		深而规则的大呼吸
潮式呼吸		形态犹如潮水起伏，周期可长达 0.5～2min
间断呼吸		呼吸和呼吸暂停现象交替出现

五、急救/转运监护注意事项

1. 急救/转运监护存在患者病情风险、医护人员风险因素、设备方面因素，转运前及时评估。

2. 根据患者病情需要监护参数，选择不同型号的急救/转运监护仪或除颤仪，检查电量和功能；准备容量充足的便携式供氧设备、取用方便的适当用药。

3. 记录转运前患者意识、瞳孔、生命体征，做好转运病情变化的应急措施和预案。

4. 患者取平卧位，头偏一侧，防止呕吐误吸；有脑脊液漏的患者头偏向患侧，有脊椎损伤的患者戴颈托固定，烦躁的患者给予约束，并拉上床挡；医护人员在患者头侧，负责监护、观察病情和指挥。

5. 尽可能避免剧烈震荡，保持头在前，上下坡保持头高位；推床防止过猛过快；固定好监护仪防止摔落。

6. 注意观察患者，是否有低氧血症和休克；有无持续性出血，心动过速或过缓，危险的心律失常，甚至呼吸、心搏骤停，及时用药和抢救。

7. 注意观察患者意外拔管，血管通路的意外脱出，骨折部位固定是否良好。

8. 颠簸后注意呼吸气囊有无断开、呼吸气囊有无漏气，保证氧气源充足、注射泵电池充足。

9. 注意观察监护仪功能是否异常，是否有波形干扰，屏幕波形是否清晰，密切观察生命参数的监测值，发现异常及时处理。

10. 提前电话联系接收科室准备齐全，转运途经电梯、检查科室提前预约沟通。

11. 应由有经验的医护人员转运，发生病情变化及时处理，减少纠纷。

（吴雪影）

第3章 胎儿与新生儿监护仪的临床应用

第一节 胎儿监护仪的临床应用

一、胎心音的监护原理

胎儿监护在临床上应用越来越规范,已经成为产科医护人员不可缺少的辅助监测手段。1992年美国产科胎心音监护的使用率是45%,2002年的使用率为85%。胎心音监护是判断胎儿在宫内情况最简单有效的方法之一。胎心音监护是利用超声波的原理对宫内的胎儿进行监测,是正确评估宫内胎儿情况的主要监测手段之一。胎儿的心率是受交感神经、副交感神经所共同调节的,通过信号的描记将胎心音的瞬间变化以监护图形的曲线形式表现出来,通过曲线来了解胎动和宫缩时胎心的变化,进一步推测胎儿在宫内有无缺氧表现。

1. 无创胎心音监护原理 无创胎心音监测是使用能够测量胎心率的电子监护仪把胎心音变化曲线和宫缩压力曲线进行描记并供临床分析的图形。胎儿监护是利用超声波原理进行胎心音、宫缩监测,对母体、胎儿都是安全的。

2. 无创胎心音监护参数 临床无创胎心音监护三个指标:①胎心率基线(BFHR)是在没有胎动和宫缩的影响下,10min以上表现出来的胎心率平均值。胎心率基线包含每分心搏次数及胎心率的变异。妊娠早期交感神经活跃,15周之前可高达15次/分,如果胎心率基线逐渐升高或者持续性下降均为胎儿缺氧、酸中毒的先兆。②变异度是胎心率在受到宫缩、胎动、声响等相关刺激时可发生暂时性的增快或减慢,之后又恢复到正常基线水平。变异度中有加速和减速两种不同变化。变异度和胎心基线率一样,单纯的变异度降低、过度增加或是平直并不能说明胎儿宫内缺氧,必须综合其他参数才可判断。③周期性变化是指在无应激试验(NST)中胎动有无加速反应。NST试验是在没有宫缩、没有外界负荷刺激前提下,对胎儿进行胎心率和宫缩的观察记录,并通过结果判断胎儿的储备能力的一种方法。20min最少有3次以上的胎动伴有胎心率加速>15次/分,且持续时间>15s为有反应型。如果胎动和胎心率加速均少于正常值或者胎动时无胎心率的加速为无反应型。在临床中,无合并症者出现一次无反应型的,需要注意胎心率基线和变异度情况综合分析,并且应在24h内再次进行NST试验。

3. 无创胎心音监护的影响因素

(1)个体因素:①母体饥饿、情绪激动或运动后,对胎儿有一定的影响,会出现胎动减少或胎心音变快。②母体的某些疾病（如甲状腺功能亢进、高热、糖尿病等），也会影响胎心音基线，胎心音常出现 160 次/分以上。③胎儿的睡眠状态时胎心基线平坦或变异消失。胎儿畸形、早产儿、无脑儿和先天性心脏病胎儿也可以出现基线平坦或变异消失及晚期减速或变异减速等情况。④母体接受一些药物治疗（如激素），可引起胎心音基线下降，胎动减少，长、短变异减少；麻醉药使用可出现变异减少或消失。

（2）体位的因素：母体采取仰卧位进行胎儿监护时，因为增大的子宫会压迫脐静脉，胎心音监护会出现胎心音减慢或者基线平坦，此时母体采取左侧卧位、半卧位，胎心音基线会恢复正常。

（3）技术因素：胎心音监护纸的记录速度不一致，导致临床医护人员无法正确识别异常图形。临床上，现有 3 种记录速度，分别是 1cm/min、2cm/min、3cm/min。若记录速度为 1cm/min，会很难判断和识别胎心的长变异、短变异。

二、胎心音的监护导联与波形选择

无创胎心音监护操作步骤：以临床实际操作步骤。

1. 向产妇说明操作目的和意义，取得合作。

2. 核对产妇姓名、住院号、年龄，并嘱产妇排尿，让产妇以最舒适的体位做好准备，可以半卧位或左侧卧位。

3. 打开"电源"开关等待进入主界面。

4. 固定好胎心音宫缩探头，将宫缩的探头固定于患者腹部宫底处，胎心音探头固定于患者腹部胎心音最清楚位置即胎背部。点击"归零"键，将宫缩归零。

5. 点击"打印"键，将自动打印监护图形。

6. 如监护下一位产妇，点击"开始"键，整个胎心宫缩界面将全部归零重新开始。

7. 如需浏览回顾胎心音监护图形，旋转最右侧按钮，选择"搜索"图形，再次点击"旋转按钮"确定，出现历史数据，选择时间进入，浏览图形后点击"打印"键即可打印所需图形。

三、胎儿监护的正常波形与图例

胎心率是随着胎儿状况的不同随时发生变化的。胎儿健康的重要标志表现在胎动同时伴有胎心率的加速及胎心率基线有一定的细变异。胎心监护上主要有两条线：上面线为胎心率，正常波动在 110～160 次/分，当有胎动时胎心率会升高，胎动结束后胎心率会缓慢下降恢复正常；下面线为宫腔压力，子宫收缩时会有升高。常见的健康胎儿的胎心率监护图形应具备如下条件。

1. 胎心率基线应在 110～160 次/分。

2. 胎动同时有胎心率加速，上升振幅＞15 次/分，持续时间＞15s。

3. 胎心率基线细变异振幅在 6～14 次/分，周期在胎心率曲线受很多因素影响，变化比较复杂。目前临床上将正常胎心率曲线分成以下基本类型。

（1）正常胎心率110～160次/分，如图3-1所示。

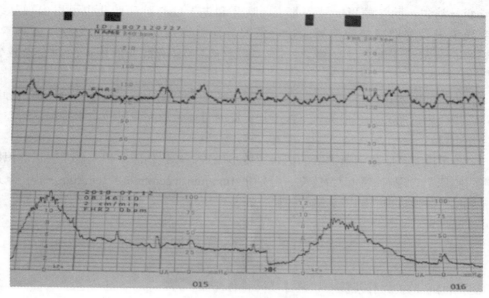

图 3-1 正常胎心率

（2）胎儿心动过速：轻度加速时胎儿心率波动在161～180次/分，轻度胎儿心动加速是胎儿健康的标志，如图3-2所示。

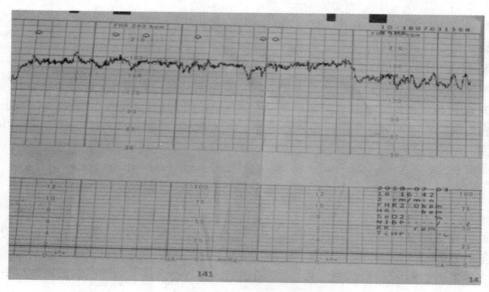

图 3-2 轻度胎儿心动过速

（3）周期性加速：伴随宫缩发生的胎心率暂时性加快为周期性加速，如图3-3所示。

（4）非周期性加速：伴随胎动、内诊或触诊等刺激导致的胎儿心率加快为非周期性加速。

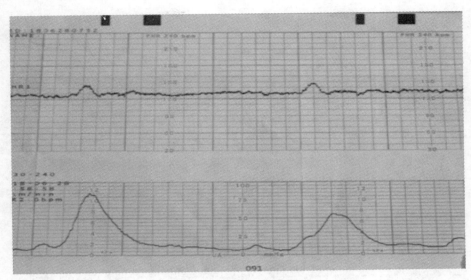

图3-3　周期性加速

（5）早期减速是分娩过程中的正常表现，当胎儿头部受到压力时就会导致胎心率降低。这是由于大脑供血发生了局部变化，刺激迷走神经中枢而形成的。表现为胎心率均匀缓慢下降，当宫缩开始后30s达到最低点，胎心率开始、恢复至正常基线均早于宫缩的开始、结束，和宫缩图像呈现对称减速图形。早期减速一般与胎头受压有关，与胎儿缺氧或酸中毒没有关系，如图3-4所示。

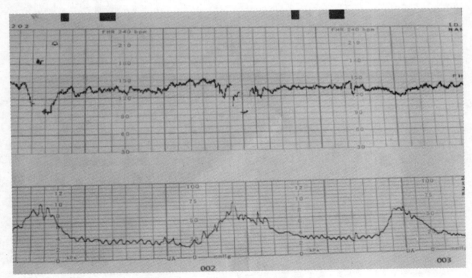

图3-4　早期减速

四、胎儿监护异常与图例

1. 胎儿心动过缓　①重度过缓是胎儿心率波动在99次/分以下，如图3-5所示。②轻度过缓是胎心率波动在 100～119 次/分。

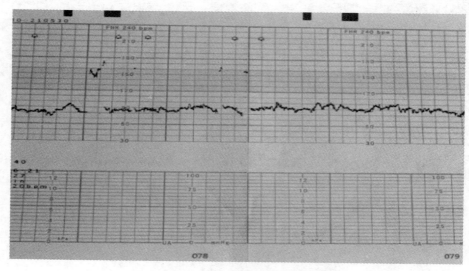

图 3-5　重度胎儿心动过缓

2. 晚期减速　胎儿胎盘供养减少，使化学感受器受到刺激，造成胎儿血压增高，刺激压力感受器，副交感神经反应形成胎心率的减速。表现为胎心率缓慢下降，宫缩开始 30s 后达到最低点。胎心率出现时间、恢复至正常基线的时间均晚于宫缩开始、结束时间。临床上一般认为晚期减速是胎盘功能降低的潜在表现，如图 3-6 所示。

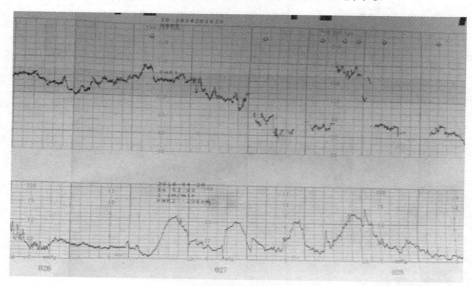

图 3-6　晚期减速

3. 变异减速　大多数变异减速与脐带血管出现梗阻有关。脐动脉发生梗阻时使胎儿血压突然升高，胎儿压力感受器受到了刺激导致副交感神经释放递质，胎心率出现减慢。表现为出现时间不定、形状不规则，宫缩开始至胎儿心率降低最低点并少于 30s。变异减速一般提示脐带受压，改变母体体位是处理的首要措施，如图 3-7 所示。

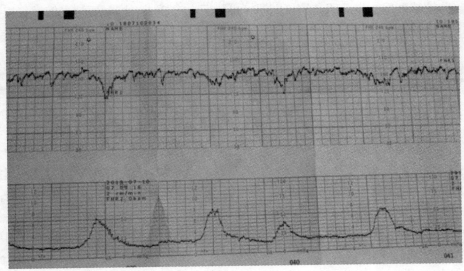

图 3-7　变异减速

4. **正弦波胎心率**　这种波形在临床上比较少见。临床表现为在小变异基础上，出现一个与正弦波形一致的大变异。多考虑与慢性胎儿贫血、红细胞增多症有关。

五、胎儿监护注意事项

1. 首先操作者应全面熟悉仪器的全部操作步骤。

2. 胎儿监护仪器属于精密仪器，应有专人管理，定期保养维修。

3. 胎儿监护时必须取得产妇的信任和合作，解释明确是无创性操作。

4. 嘱产妇需膀胱排空，体位可以是站位、坐位、平卧位头略高、半卧位、侧卧位。

5. 通过胎位确定放置探头的最佳位置，并妥善固定胎心探头；腹带要有一定的弹性和宽度，固定探头时要松紧适度；过紧产妇会感到不舒适，过松图形不能正确显示。

6. 做好记录包括开始时间、产妇姓名、住院号、诊断、结束时间。

7. 当听不到胎心音或不显示胎心率曲线时，首先考虑探头的位置是否正确。

8. 胎心率曲线记录时有时无，是因为探头放置在胎儿的腹侧，调整后可以恢复正常。

9. 母体更换体位或者胎动后胎心率曲线记录时好时坏，是由于胎心位置发生移动使探头偏离胎心所致，可以进行适时调整即可恢复正常。

10. 当宫缩时胎心率曲线或间断或混乱，是因为胎儿在宫缩时出现下移的原因，在固定探头时可以选择比没有宫缩时的位置稍偏下 1~2cm。

11. 长时间进行监护时耦合剂易减少，探头不能正常使用，应注意及时补充耦合剂。

12. 产程过程中因为胎位的变化（比如在下降旋转成了枕后位时），会给监护带来困难，此时探头放置在脐下腹正中，胎心音效果会更好。

13. 监护仪自动报警时，尽早排除胎儿是否存在危险，如果排除后仍有报警再考虑是否探头偏离最佳的位置。

14. 监护结束后，先关闭监护仪电源，再拔下电源插头，同时要消毒擦拭好探头，放好位置避免损坏。

（徐　兵）

第二节　新生儿监护仪的临床应用

新生儿疾病具有起病急、变化快、病情重、病死率高的特点，需要较好的医疗急救环境和监护条件，若抢救及时、处理得当，患儿可转危为安，反之错失抢救时机，会造成难以挽回的后果。随着医学技术的迅猛发展，新生儿重症监护在现代医院的建设中已占有举足轻重的地位，NICU 是危重新生儿集中监护、治疗的病室。新生儿监护的基本任务不仅仅有加强护理，而且包括利用现代化医疗设备和各类器械，对危重患儿的各项监测参数进行判断，采取迅速有效的医疗和护理措施，必要时需给予生物医学工程技术上的生命支持，保证生命的稳定状态。因此，新生儿的监护，离不开生物医学工程技术的发展，离不开大量医疗设备的应用。

目前临床 NICU 监护系统的配置可分为床旁独立监护系统和中央监护系统两种。监护仪可动态、实时监测的参数包括心电图、无创血压、有创血压、气道二氧化碳、气道氧气、血氧饱和度、温度、pH 等，临床常用的参数主要有心电图、无创血压、呼吸、血氧饱和度。

一、新生儿的监护原理

新生儿是一个特殊的群体，其心电、血压和血氧饱和度与成年人有很大的区别，用传统的成人监护仪去监护新生儿的心率、呼吸、血压等测量的参数不准确，如果操作时误使用成人模式测血压，会对新生儿手臂造成压伤，临床应用新生儿专用监护仪。

（一）心电监护的原理

根据新生儿的心率特性，心电技术采用抗运动的呼吸测量技术，具有窒息报警功能，通过生物兼容性测试的专用新生儿心电导联线和电极片（图 3-8），患儿的心电活动经心电导联线传入监护仪，经内部微型电子计算机处理后变成数字和波形，借助心电显示系统显示于监护仪的屏幕上。

（二）血压监护的原理

新生儿专用监护仪袖带，针对新生儿血压低、血流灌注弱的特点，采用自适应信号处理算法，如图 3-9。

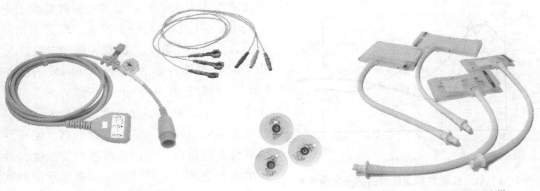

图 3-8 新生儿导联线与电极　　　　　　图 3-9 新生儿专用袖带

1. 直接血压测量法 采用有创方式测量血压。通常采用颈内静脉穿刺置 Swan-Ganz 漂浮导管的方法，导管尖端到达肺动脉远端，导管尾端与压力传感器连接，传感器将导管尖端所在处的压力转变为电信号传入监护仪。

2. 间接血压测量法 采用无创方式，振荡法测量血压。测血压时，袖带充气至动脉血管闭塞，几乎无血流通过时停止，此时压力传感器检测到的信号只是袖带内压力。减压开始后，当袖带内压力趋于收缩压时，传感器将动脉血管的扩张膨胀所产生的振动看作是叠加在袖带内压力上的一个脉冲波，随着袖带内压力的下降，脉冲波的幅度逐渐增强，当袖带内压力降至动脉平均压左右时，脉冲波的幅度最大，之后，振动幅度随袖带压力减小而减小，直至消失，由此得出收缩压、平均动脉压和舒张压。

有的监护仪采用脉波测压的方法，通过脉搏指套传感器及指脉搏波计算出对应的收缩压、舒张压和平均压。此方法的优点是对患儿睡眠、休息无任何干扰。

（三）呼吸监护的原理

呼吸监护通常采用的是抗阻法，部分监护仪是通过呼吸传感器放置于患儿鼻孔处测量呼吸信号来监护。阻抗法是利用患儿的心电电极获取信号，即通过负极（右锁骨下，近右肩）与地线（左下腹）两电极间的胸廓阻抗值变化测定呼吸：两电极间加一高频信号，患儿呼吸时，两电极间的阻抗和电压均随之发生变化。高频信号被此变化的低频电压调制，经仪器内的放大器、滤波器等处理后，即在屏幕上产生呼吸波。因为呼吸信号可以从心电电极上获取，

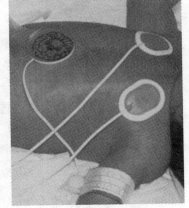

图 3-10 新生儿呼吸监测原理

所以目前模块式结构的监护仪心电和呼吸测量功能在一个模块内，如图 3-10。

（四）血氧饱和度监护的原理

脉搏血氧饱和度监测是利用血红蛋白有光吸收的特性，依据氧合血红蛋白与还原血红蛋白对特定波长的光波吸收量不同而测算一定氧分压下氧合血红蛋白占全部血红蛋白百

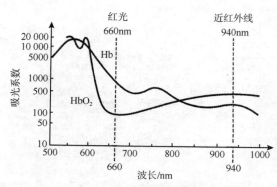

图 3-11　氧合红蛋白和血红蛋白的光吸收系数

分比的监测方法。测量方法大多数是基于光电技术，感应器内有两个发光二极管（光源二极管）和一个光电二极管（摄像二极管），两个发光二极管作为光源，分别发射波长 660mm 的红光和 940mm 的近红外光，两束光在穿透组织时被部分吸收，剩余光由光电二极管接收后将信号输入微处理器，便可测得氧合血红蛋白与还原血红蛋白的浓度，计算出血氧饱和度，并转化成可在显示屏观察到指脉搏波形，如图 3-11。

（五）体温监护的原理

进行体温监测时，温度传感器与患儿肛门内组织或皮肤表面接触后，体温被变成电信号，经监护仪放大器放大后，便以数字或曲线的形式出现在显示屏上。

二、新生儿的监护导联与波形选择

（一）新生儿监护的操作步骤

1. 患儿取平卧位，清洁放置电极处的皮肤（如有体毛应先剃除），用 70% 乙醇溶液擦拭脱脂。

2. 监护仪连接电源（外接电源必须符合电器安全要求）打开监护仪电源开关，调节为新生儿监护模式。

3. 将一次性电极片按导联要求粘贴于患儿皮肤上，导联线的电极夹夹于电极片的金属小扣上。如果是纽扣式电极夹则应先固定于电极上，再将电极片贴于患儿皮肤上，屏幕上心电指示波出现。

4. 协助患儿调整上臂位置，触摸肱动脉并定位，将测血压袖带缠绕于患儿上臂，袖带松紧度适宜（容纳 1 指为宜）。

5. 根据患儿病情调节各参数报警上下限，开启报警开关，监护仪进入监护状态。

6. 关机，撤除一次性电极，取下导联线的电极夹，关监护仪开关，最后拔电源线。

（二）新生儿的监护导联

1. 电极放置位置　监护导联是一种模拟的、综合的导联形式。常用的心电监护仪有 3 个电极、4 个电极和 5 个电极三种类型。一般新生儿监护选择 3 个电极的导联，电极放置位置分别是 RA；右锁骨中线下缘；LA；左锁骨中线下缘；LL，左下腹。

2. 导联选择　监护仪电极合理放置，要求满足条件：①P 波清晰、明显；②QRS 波振幅足以触发心率计数及报警；③不妨碍抢救操作；④放置操作简单，对患儿皮肤无损害。

三、新生儿监护的正常波形及图例

小儿心电图的特点是：小儿心率较快，P-P、R-R、P-R、QRS 及 Q-T 间期均较成年人短。小儿的胸壁较薄，QRS 波的电压较高。小儿心电图的诊断标准有别于成年人，且小儿各年龄组间也有一定差异。新生儿和婴幼儿，由于右心占优势，心电轴往往正常右偏，右胸导联 R 波电压较高，RS＞1.0；随年龄增长，右胸导联 R 波电压逐渐降低，反映左心室电势的 S 波逐渐加深。早产儿右心室优势较轻，而过期产儿右心室优势更明显如图 3-12。

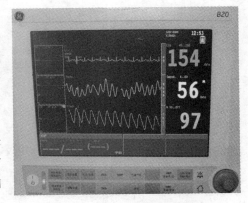

图 3-12　新生儿心电监护图形

（一）T 波

出生 3d 内的婴儿，右胸导联 T 波可直立，T_1、T_2、T_5、T_6 可双向，甚至倒置。出生 3～5d 后，右胸导联 T 波转为正常倒置，此倒置 T 波持续至 8～10 岁或更大年龄，称之为"幼稚型 T 波"。

出生 3d 内正常新生儿右胸导联 T 波可以直立，左胸导联 T 波可低平甚至倒置。出生 3～5d 后右胸导联 T 波正常倒置，至 8～10 岁后方转为成人型。T 波电压，正常除新生儿期可较低外，以 R 波为主的导联，不应＜R 波的 1/10。

（二）P 波振幅

正常均＜2mm，新生儿可高达 2.5mm；任何年龄，若＞2.5mm 应视为异常。P 波时限，婴儿＜0.09s。

（三）P-R 间期

与年龄、心率有关，随年龄增长而延长，随心率增快而缩短。

（四）QRS 波

1. 部分新生儿和小婴儿 V_5、V_6 和 I、aVL 导联可无 Q 波或 Q 波很小，无病理意义。
2. 出生婴儿右心占优势以右心室为主，出生后随着左心的发育，左心室电势逐渐增强，右心室电势逐渐减弱；随年龄增长，左、右心室力量对比发生特征性变化。

（五）ST 段

正常小儿 ST 段多数无偏移，可略高（＜1mm）或略低（＜0.5mm）于等电位线。婴儿 ST 段偏移的机会比年长儿多，胸腔导联多于肢体导联。生理情况下，ST 段下移可受心房复极波（Ta）影响，尤其是婴儿，P 波电压较高，Ta 波下压程度相对较大，可导致 P-R 段下降、

J 点降低、ST 段下降，使 P-R 段连线呈弧形，无病理意义。

（六）U 波

正常 U 波的出现率、电压与年龄、心率有关，婴儿 U 波出现率低，1 岁后增高。

四、新生儿呼吸暂停自救监护仪的临床应用

呼吸暂停是指呼吸停止时间超过 20s，心率低于 100 次/分伴有血氧饱和度下降，是一种严重的病理现象，如不及时处理，反复发生呼吸暂停或缺氧时间超过 1min 可直接导致脑损伤，影响新生儿的生长发育。呼吸暂停自救新生儿监护仪和模块的临床应用，解决了因呼吸暂停带来的窒息症状，帮助新生儿脱离窒息危险。监护仪监测到新生儿呼吸暂停症状时，激活报警并在医护人员赶到之前实施自救。

（一）新生儿呼吸暂停自救监护原理

呼吸暂停自救的新生儿监护仪通过血样检测模块采集新生儿的血氧信号，根据血氧信号获得血氧饱和度，同时应用呼吸监测模块收集新生儿呼吸信号，根据呼吸信号获得呼吸频率。主控模块接收新生儿的血氧信号、血氧饱和度信号、呼吸信号及呼吸频率，判断接收的血氧饱和度、呼吸频率是否超出阈值范围，若超出阈值范围时主控模块控制自救模块刺激新生儿的足心从而使新生儿恢复自主呼吸，有效防止新生儿因呼吸暂停时间延长缺氧而造成脑细胞坏死等症状。

（二）新生儿呼吸暂停自救监护仪系统框架

新生儿呼吸暂停自救监护仪系统框架如图 3-13，呼吸暂停自救模块见图 3-14。

（三）新生儿呼吸暂停自救监护仪操作程序

1. 洗手，检查监护仪的性能。
2. 新生儿皮肤准备，确保皮肤清洁干燥。
3. 根据监护仪类型，电极片贴于新生儿乳头或腋窝之间或需要部位或电极带。
4. 将导联线插头插入监护仪，白色导联线连接右侧电极，黑色导联线连于左侧电极，将相应导联线与电极相接。

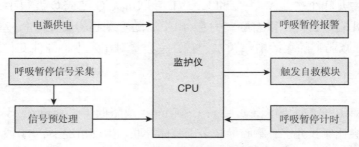

图 3-13　新生儿呼吸暂停自救监护系统框架

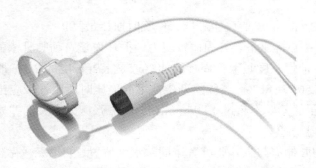

图 3-14　新生儿呼吸暂停自救监护模块

5. 电极带固定新生儿身上，松紧以能插入 2 指为宜。

6. 检查监护仪、导联线、报警系统连接设置正常。

7. 打开监护仪，指示灯亮。

8. 舒适安置新生儿，或由护理人员怀抱并安抚。

9. 监护仪报警：立即检查新生儿呼吸和肤色，如果肤色粉红无呼吸，等报警器蜂鸣 10 下后开始刺激；如果肤色不是粉红色，立即开始刺激。操作时以观察结果为准。

10. 连续刺激：轻触新生儿，指弹其足跟，拍击新生儿足部，搓擦新生儿背部。如无反应，开始心肺复苏。呼吸恢复，报警停止。

11. 按复位键关闭报警指示器。

12. 记录报警情况及护理措施，记录病情。在开始和结束与新生儿接触时应注意报警设置，每小时不少于一次。

五、新生儿监护注意事项

（一）心电监护

1. 放置电极片时，应避开伤口、瘢痕、中心静脉插管的放置位置。

2. 密切监测患儿异常心电波形，排除各种干扰和电极脱落，及时通知医师。

3. 定期更换电极及其粘贴位置。

4. 心电监护不具有诊断意义，如需更详细了解心电图变化，需做常规导联心电图。

5. 应选择新生儿模式。

6. 注意影响心率、心律异常的因素：体温的变化、运动、睡眠、摄食状态、情绪激动等都能使心率发生变化。正常心律是均匀的，当心脏的起搏部位、频率及冲动传导的径路等任何一项发生异常，就会导致心律失常。

（二）血压监护

1. 测量时，在新生儿吃奶后 1～2h 平卧安静状态下进行。

2. 测量血压四定：定部位（袖带缠于上臂中部，袖带下缘距肘上需 3cm，松紧程度应以能够插入 1～2 指为宜），定体位（坐位或仰卧位），定血压计（血压计与上臂、心脏处于同一水平），定时间（清晨的血压最低、傍晚时血压最高）。

影响血压因素：心排血量、外周血管阻力、循环血量、动脉管壁弹性、血液黏稠度。

3. 测量血压时袖带宽度是上臂周径的 40%或是上臂长度的 2/3，袖带的充气部分长度应足够环绕肢体的 50%～80%。若测量新生儿下肢血压时所用袖带应比测量上肢的袖带宽 2cm，上下肢收缩压的差异不超过 19.95mmHg，而舒张压无太大的差异。记录时应注明为下肢血压，避免发生误会。

4. 用于测压的肢体应与患儿心脏置于同一水平位置，如果无法做到，如肢体高于心脏水平，则每厘米差距应在显示值上加 0.75mmHg/cm，低则减 0.75mmHg/cm。

5. 连续监测血压的患儿，必须每班放松 1～2 次。病情允许时，最好间隔 6～8h 更换监测部位一次。防止连续在同一部位测压给患儿造成不必要的皮肤损伤。尤其是严重血液疾病患儿频繁进行血压测量，袖带捆绑部位有发生血肿的危险，要及时更换部位。

6. 不同年龄患儿血压正常值可用公式推算：

$$收缩压（mmHg）=80+（年龄×2）$$

舒张压为收缩压的 2/3。

（三）呼吸监护

新生儿以腹式呼吸为主，正常情况下呼吸频率 40～60 次/分，应密切观察新生儿的呼吸节律、呼吸频率、呼吸运动，有无出现呼吸窘迫、呼吸暂停等症状。

呼吸的影响因素如下。

1. 中枢性呼吸困难多会引起呼吸节律的改变；发热、贫血、心功能不全、肺炎、胸腔积液多会引起频率的增快。严重的代谢性酸中毒，可出现深而快的呼吸。肺部组织病变顺应性下降时，患儿为保持足够通气量用力呼吸，可表现为三凹征。

2. 腹水、肝脾大会引起胸式呼吸加强、腹式呼吸减弱；肺炎、胸腔积液会引起腹式呼吸加强，胸式呼吸减弱；吸气性呼吸困难多见于上呼吸道梗阻；呼吸性呼吸困难多见于支气管哮喘、喘息性肺炎等。

（四）血氧饱和度监护

1. 监测脉搏血氧饱和度时，正确使用传感器，避免不正确的测量，传感器有指夹式、指套式、环绕式等，使用时必须保证所有光线都穿过患儿的组织。

2. 使用环绕式传感器时不要将带子捆得太紧，以免影响测量结果。

3. 长时间连续监护有可能引起皮肤变红、起疱甚至压迫性坏死，特别是新生儿和组织灌注障碍的患儿更应提高警惕，所以在监护过程中应每间隔 2～3h 检查一次传感器安放处的皮肤有无异常，必要时更换部位。

（五）体温监护

1. 肛温检测时，探头应插入肛门内 3cm 左右，持续 3～5min 后读取数字，如需连续监护可用胶布固定于局部，插入前应使传感器探头清洁后蘸取无菌凡士林油少许。

2. 腋温检测应将清洁传感器探头置于腋窝正中，并将上臂垂下紧贴胸部，持续 5～

10min 读取数字（每分钟温度增加不超过 0.1℃时即可）。

3. 皮温检测传感器探头置于右上腹近肝区表面为宜，探头应紧贴皮肤，使其接触良好。为防止探头热丧失或接触幅射热，而影响检测效果，可应用隔热效果好的海绵覆盖之。

4. 一般每间隔 2～4h 记录体温结果，低温时应缩短间隔时间。

（张建华）

第4章 颅脑监护仪的临床应用

第一节 颅内压监护的临床应用

一、颅内压的监护原理

颅内压（intracranial pressure，ICP）指颅腔内容物对颅腔壁上所产生的压力，以脑脊液的压力为代表。颅内压监护是神经外科一种较常见的检测技术，是早期诊断颅内高压客观、准确的手段，也是指导临床药物治疗、评价效果、判断预后的重要方法。它的应用有利于降低危重患者致残率及病死率。

（一）颅内压增高原因

1. 脑组织的体积增大所致颅内压力增高，如脑水肿。
2. 颅内占位性病变，见于脑肿瘤、颅内血肿等。
3. 静脉回流受阻或脑血流过度灌注，如静脉窦血栓、脑肿胀等。
4. 脑脊液循环和（或）吸收障碍导致的梗阻性脑积水、交通性脑积水。
5. 先天性畸形所致颅腔容积变小，见于狭颅症、颅底凹陷症等。

（二）影响颅内压增高的因素

1. 年龄　小儿颅缝未闭合或没牢固融合，颅内压力增高，颅缝裂开而使颅内容积增加；老年人脑萎缩导致颅腔代偿空间增多，从而延长病程。
2. 病变部位　颅后窝或颅脑中线占位性病变，易阻塞脑脊液循环通路引起梗阻性脑积水，可早期出现颅内压增高症状。
3. 病变扩张速度　随着颅内病变体积增长，颅内压代偿的功能失调，可能在短期内会出现颅内高压危象或脑疝。
4. 伴发脑水肿程度　炎性反应，脑转移性肿瘤等伴有较明显的脑水肿，可早期出现颅内压增高。
5. 全身系统性疾病　电解质及酸碱平衡失调、肝性脑病、肺部感染等可引起脑水肿，导致颅内压增高。

（三）颅内压增高后果

颅腔内压力持续升高可引起中枢神经系统功能紊乱及病理变化。

脑移位和脑疝；脑水肿；脑血流量降低，导致脑缺血甚至脑梗死。库欣反应，常见于急性颅内压增高；神经源性肺水肿。

（四）颅内压监护适应证

1. *颅脑损伤患者*　颅腔损伤患者且格拉斯哥昏迷评分≤8 分，可行 ICP 监护。在 ICP 监护时，如 ICP 保持正常水平多无须手术。如 ICP 存在逐渐上升趋向且高于 40mmHg，提示有继发颅内血肿风险，需要紧急手术。

2. *脑积水与脑水肿*　应用 ICP 监护可以反映脑积水、脑水肿的状况，了解脑脊液分流的手术效果。

3. *蛛网膜下腔出血*　蛛网膜下腔出血后常应用脑室法 ICP 监护，可了解颅内压变化。

4. *颅脑手术*　凝血机制障碍患者或危重患者开颅术后可行 ICP 监护，了解 ICP 变动。

5. *其他*　因其他原因引起 ICP 增高而昏迷的患者，可考虑应用 ICP 监护。

（五）颅内压监测参数

颅腔是骨性空腔，其容量恒定。颅腔主要内容物有血液、脑脊液及脑组织，任何一种物质容量增加，可引起其他物质代偿性减少，使颅内压维持在正常范围。因此，了解颅内压变化对危重患者至关重要，如表 4-1 所示。

表 4-1　颅内压监测参数

压力分级	颅内压
正常	5~15mmHg（0.7~2.0kPa）
轻度增高	16~20mmHg（2.1~2.7kPa）
中度增高	21~40mmHg（2.8~5.3kPa）
重度增高	>40mmHg（>5.3kPa）

使用颅内压监测可早期发现颅内压的增高。治疗中颅内压>20mmHg，会使病残率和病死率明显增高，通常将颅内压>20mmHg 作为需要采取降低颅内压措施的界值。其措施包括过度通气、应用脱水药、脑脊液引流等。在治疗后颅内压仍>40mmHg，提示预后不佳。颅内压增高时，多种因素均可导致造成 ICP 波动范围较大。因此，护理时要避免患者躁动、翻身动作剧烈、屈颈、呼吸道不通畅、便秘等引起颅内压急剧增加的诱因。

（六）颅内压监护原理

1. *有创颅内压监测原理*　颅骨钻孔或开颅术后，将传感器置入颅内，将压力信号转换成电信号并放大，使压力波形和数据显示在监护仪上，可动态观察颅内压变化。

2. *无创颅内压监测原理*　是采用各种仪器无创监测颅内压的一种方法，具有创伤小、并发症少等优点，适用于颅脑功能损伤的患者。

二、颅内压的监护导联与波形选择

（一）颅内压监护测压的方式

1. 导管法　在侧脑室置入引流导管，使引流出的生理盐水或脑脊液填充导管，将导管与体外传感器相连，通过导管内液体对颅内压传导，与传感器接通而测压。

2. 置入法　又称体内传感器或埋藏传感器法，通过头皮切口及颅骨钻孔，将微型传感器置入颅腔内，通过导管内液体对颅内压力传导，使其与脑膜或脑实质接触而监测压力。

（二）ICP 监护方法

1. 有创性颅内压监测方法

（1）脑室内压监测：目前临床最常用的方法，是监测颅内压的"金标准"。穿刺点位于发际后 2cm，中线旁 2.5cm 交点，穿刺方向垂直于双外耳道连线，进针 4～7cm，置入颅内压监测导管，将导管至于侧脑室前角，将导管的颅外端与传感换能器及颅内压监测仪相连接。将传感器固定，并保持在室间孔水平。如选用光导纤维传感器需预先调零，此方法操作简单，直接客观，监测可靠，便于监测零点漂移。同时可通过导管间断引流脑脊液，以降低颅内压或留取脑脊液检查。

缺点是当脑室移位或者受压、塌陷变小，脑室穿刺置管困难；且导管留置时间超过 5d，颅内感染风险会大大提高，故持续监测的时间不应该超过 1 周；还可能发生脑脊液漏、脑组织损伤等并发症。

（2）脑实质（脑组织内）测压监护：目前国外使用较多的一种颅内压监测方法。穿刺点在额区颅骨，将导管头部安装极微小显微芯片探头或光学换能器，插入脑实质内 2～3cm即可。操作简单，技术要求不高，是一种较好替代脑室内置管的方法。监测颅内压力准确，感染率极低，创伤性小，可用于长期监测。但其零点基线易出现微小漂移，光纤易断，且只能反映局部 ICP 水平；拔出后不能重新放回原处；造价昂贵。

（3）硬脑膜外压监测：采用光导纤维微型扣式传感器，于颅骨钻孔或开颅术中，将其置于硬脑膜与颅骨之间，紧贴硬脑膜。此监护方法保留了硬脑膜的完整性，并发颅内感染机会较少，出血风险低。因此，可以延长监护时间。但如果传感器探头与硬脑膜接触不均匀，可能影响测压的准确性，波形质量较差。

（4）硬脑膜下（或蛛网膜下腔）压力监测：用于开颅术中，将微型传感器置于蛛网膜表面或蛛网膜下腔，从而对患者颅内压进行监测。此方法操作简单，对脑组织无明显影响。但感染概率大，测压器容易堵塞从而影响结果。

（5）腰椎穿刺测压：始于 1897 年，该方法具有操作简便的特点。但易发生神经损伤、感染、出血等并发症，当患者病情加重或 ICP 急剧升高时，患者有脑疝风险，此方法为禁忌。当出现蛛网膜粘连或椎管狭窄时，脑脊液循环受阻，腰椎穿刺测得的压力不能真实可靠地反映 ICP 变化。

（6）神经内镜监测：主要用于神经内镜手术。在神经内镜直视下放置侧脑室引流管能避免损伤脑室壁造成继发出血及防止引流管口过于靠近脉络丛造成术后堵管。而带有颅内压监测功能的脑室外引流装置，术后可实现动态颅内压监测。但其监测效果受冲洗、脑脊液流失等因素的影响，使其应用需要更多临床样本。

2. 无创颅内压监测　有创颅内压监测易导致颅内感染、脑脊液漏、颅内出血等并发症，随着医学技术的发展颅内压监测方法更多样化，安全、有效的无创监测颅内压方法逐渐引起关注。主要包括临床表现及影像学检查、测量视网膜静脉压、经颅多普勒超声、无创脑电阻抗监测、近红外光谱技术等。将图像及信号处理与监测充分结合，寻求方便、精准的监测方法是颅内压监测的趋势。

（1）临床表现和影像学检查：通过临床表现判断患者有无颅内压增高仅为主观判断和定性诊断，无法定量诊断。ICP 增高时影像学表现为脑水肿、脑沟变浅消失、脑室移位、中线移位等，影像学监测具有客观、可定位定性等优点。但价格贵，不可进行床旁及连续监测。

（2）视网膜静脉压或动脉压：方便瞬间测量 ICP，且实用，易重复测定，使用范围广。但不适合长期监测。

（3）经颅多普勒（transcr anialdoppler）：TCD 是广泛应用的一种技术。通过检测脑底大动脉血流量速度可间接反映 ICP 变化，随着 ICP 增高和脑灌注压的降低，舒张期血流速度减少，收缩峰变尖，搏动指数（pulsation index，PI）增加。但 PI 个体差异明显，无可靠的理论依据，TCD 因此还不能成为准确、有效的 ICP 监测方法。

（4）闪光视觉诱发电位（flash visual evoked potentials，f-VEP）：f-VEP 反映视觉通路的完整性。颅内压升高时，f-VEP 的 N2 潜伏期延长，N2 潜伏期与颅内压成正相关，但易受年龄、脑代谢因素等影响；视觉通路损伤会影响结果。

（5）鼓膜移位（tympanic membrane displacement，TMD）：由于蛛网膜下腔可通过耳蜗导水管与内耳的外淋巴间隙相连，因此当颅内压改变引起外淋巴液压力变化时，可使静止状态的镫骨肌和前庭窗的位置改变，继而影响听骨链和鼓膜运动，称鼓膜移位。但患者不可过度暴露于声音刺激中，易引起暂时性音阈改变而影响测量且不可连续监测等。

（6）无创脑电阻抗监测（noninvasive cerebral eletrical impedance measurement，nCEI）：nCEI 作为脑水肿的监测指标，既往研究证明颅内压增高时，脑阻抗脉冲波幅度增加，因此其大小可作为判断颅内压的指标，但须临床研究证明。

（7）近红外光谱技术（near infrared spectrum，NIRS）：是用波长 650～1100mm 的近红外线，可穿透头皮、颅骨及脑实质 2～2.5cm，然后返回到头皮。通过头皮处的光源感受器测量并计算 ICP，该方法敏感度较高，应用前景广阔。但尚处于研究阶段。

（三）波形选择

颅内压波形随所用测定方法和患者的病情变化而不同。连续记录下来的正常颅内压曲线是由脉搏和因呼吸运动影响颅内静脉回流增减而形成的波动组成，振幅的大小主要取决于脉络丛搏动的强弱。颅内静脉回流是否通畅对压力波振幅有很大影响。

ICP 波形

（1）正常波型：压力在正常范围，压力曲线较平坦。

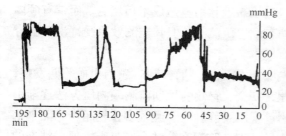

图 4-1　A 波形示意

（2）A 波：又称高原波（或平顶波），为 ICP 间歇性发作，在出现压力波骤然升高时，其波幅可达 8.0～13.33kPa（60～100mmHg），持续 5～10min 以上，高峰常呈高原（平顶）状。而后又突然下降至原来的水平或更低。此时患者的临床表现有明显的颅内压增高症状：头痛加剧、恶心、呕吐、颜面潮红、呼吸急促，有时出现烦躁及意识障碍等，严重时，甚至可有抽搐及强直性发作。A 波频繁出现提示患者颅腔的代偿功能已接近衰竭。因此，出现 A 波，是一种病情危急的信号，应采取积极有效的措施降低 ICP，如图 4-1。

（3）B 波（节律震荡波）：是 ICP 一种节律性波动，振幅增高不超过 1.33kPa（10mmHg），持续 0.5～2.0min。B 波小而尖，在正常波形基础上出现短时骤升骤降的尖波，B 波频繁出现，提示颅内压中度或高度增高，也可能与脑干的血液灌注不足，导致脑干功能失调有关，如图 4-2。

（4）C 波：较少发生，振幅小而有节奏，每分 4～8 次。C 波与血压有一定关系，无重要临床意义，如图 4-3。

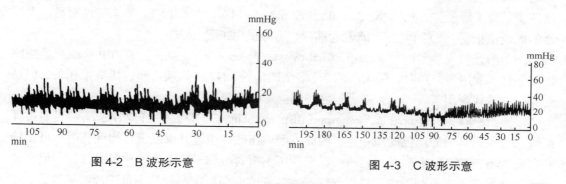

图 4-2　B 波形示意　　　　　　　　图 4-3　C 波形示意

三、颅内压监护注意事项

颅内压监测已成为颅脑损伤救治中最重要的手段之一，及时发现颅内变化，有效控制因病变引起的颅内压增高，对治疗意义重大。

1. 严格执行无菌操作技术，预防颅内感染。

2. 选择适当体位，将头置于正中位，保持颈静脉血流通畅，保持患者呼吸通畅，颅内压监护时患者一般保持平卧或床头抬高 10°～15°。

3. 正确连接监护装置，使用前调整传感器与记录仪的零点（零点参照点为外耳道水平），颅内压监护必须每班进行调试。

4. 保持管路通畅，妥善固定管路，防止受压、牵拉、扭曲、阻塞等，翻身时动作轻柔，避免管路滑脱。

5. 严密观察病情变化，如脑脊液颜色、量，以及颅内压变化，观察患者生命体征、瞳孔及意识变化，及时记录异常反应。

6. 避免引流过度及引流时速度不均，定时记录引流量，防止发生脑疝。

7. 准确记录24h出入量，保证适当入量，维持合理血压，避免出现脱水现象。

8. 护理操作动作应轻柔，减少对患者的刺激，出现躁动时应适当约束，必要时可遵医嘱使用镇静剂。

9. 进行颅内压监测时不宜过长，一般为3～5d。

10. 存在凝血机制紊乱或免疫抑制患者，避免进行有创颅内压监测。

（秦　维）

第二节　脑电双频指数监护的临床应用

一、脑电双频指数监护原理

脑电双频指数（bispectral index，BIS）是将脑电图的功率和频率经双频分析出的混合信息拟合成一个最佳数字，是美国FDA在1996年首次批准作为用于检测麻醉效果的方法，可用于评估全身麻醉期间中枢神经系统的抑制程度，是独立于血压和心率用于监测催眠程度的监测手段。BIS能反映大脑皮质的功能状况，已被认为是评估患者意识状态的敏感、准确的客观指标。在国内外已广泛应用于麻醉深度监测和意识状态的评价，指导ICU病房的镇静用药、镇静评分、控制镇静深度，预判及判断脑死亡、评价神经系统疾病等方面。在麻醉管理中应用可以减少主要麻醉药物的剂量、缩短苏醒和恢复时间、提高患者的舒适度、减少术中知晓和回忆的发生率，在麻醉管理方面应用最为广泛。

1. 脑电双频指数监护原理　通过放置于患者前额的传感器采集脑电图（EEG）信号，然后对原始的EEG信号按每秒间隔进行分段并对那些带有伪迹的片段加以识别并予以去除，通过测定EEG信号线性成分并分析其成分波之间的非线性关系，将能代表不同镇静水平的脑电信号挑选出来，进行标准化和数字化处理，最后转化为一个临床证实可信的数字以表示意识状态水平。BIS综合了脑电图中频率、功率、位相及谐波等特性，包含了更多的原始脑电图信息，能迅速反映大脑皮质功能状况。

2. 脑电双频指数监护参数意义　BIS数值是15～30s前的脑电图信号经加工后的数值，变化范围在0～100。BIS数值：100表示正常的皮质电活动，即患者呈完全清醒状态；0代表完全无脑电活动状态，数字减少时表示大脑皮质抑制加深；10～40提示大脑呈现爆发抑制状态，意识丧失；41～60提示深度催眠状态，最适合全身麻醉手术；61～70提示中度催眠状态；71～80提示轻度催眠状态；81～99时，随着数值的升高患者逐渐进入清醒状态；对于患儿目前尚无一个统一的标准。临床上，通常将麻醉患者的BIS值控制在40～60，ICU镇静患者的BIS值控制在60～80，ARDS患者的BIS值控制在60～70。

3. 脑电双频指数的影响因素

（1）肌电图（EMG）干扰和神经肌肉阻滞药（NMB）：前额肌张力过高可能增加BIS值；NMB可减弱肌电信号从而降低BIS值；在无EMG干扰的平稳麻醉状态下，NMB对BIS的影响甚少。

（2）医疗仪器：在某些情况下机电干扰可能会升高 BIS 值，如患者装有起搏器、在头部使用暖风机、外科鼻窦手术中使用导航系统、部分神经外科手术、电烧等。

（3）严重的临床情况：术中如果出现心搏骤停、低血容量、低体温、低血糖、脑缺血或脑低灌注等情况会降低 BIS 值，可能是由于脑代谢显著降低所致。

（4）异常脑电图状态：抽搐后、痴呆、脑瘫、低电压 EEG、严重的脑损伤、脑死亡、反常觉醒或反常 δ 波，可能导致 BIS 值降低；癫痫样 EEG 活动，可能导致 BIS 值升高。

（5）某些麻醉药和辅助用药：氯胺酮有对脑电的激活作用，可能引起一过性的 BIS 值升高；依托咪酯能引起肌肉震颤，可能引起一过性的 BIS 值升高；在相同的麻醉监护水平下，使用氟烷比使用异氟醚和七氟醚时患者的 BIS 值要高；恩氟烷溶液（笑气）可能对 BIS 值影响较小；麻黄碱可以使 BIS 值升高。

二、脑电双频指数的监护导联与界面显示

1. 脑电双频指数监护实践步骤

（1）用 70%乙醇棉球擦拭患者额部及颞部皮肤进行脱脂，晾干。

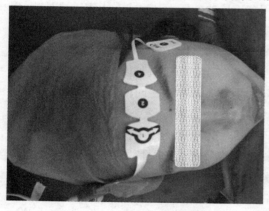

（2）将传感器的 1 号探头贴于前额中心，鼻上（两内眦连线）5cm；4 号探头贴于一侧眉弓平行上方；3 号探头贴于一侧太阳穴区（眼角和发迹线之间）。粘贴后具体示例见图 4-4。

（3）按压传感器探头的周围，确保传感器与皮肤粘贴紧密。

（4）分别按压 4 个探头各 5s，确保探头与皮肤接触良好。

（5）将传感器接头与缆线连接。

（6）将缆线连接到监护仪插口，通过检测后即可在监护仪上读出 BIS 数值。

图 4-4　BIS 传感器粘贴位置

（7）使用结束时，将传感器接头与缆线断开，移除传感器，关闭监护仪。

2. 脑电双频指数监护的显示信息　BIS 监护仪显示的信息一般包括 BIS 数值、BIS 趋势图、脑电图（EEG）、肌电图（EMG）、信号质量指数（SQI）。脑电图显示滤过的当前 EEG 波形；肌电图指示器显示 70～110Hz 频率范围的肌肉电活动功率，正常值范围是 30～55dB；信号质量指数提示脑电图的信号质量，主要与阻抗和伪差有关。

三、脑电双频指数监护的正常波形与图例

BIS 监护仪的正常波形与图例见图 4-5。

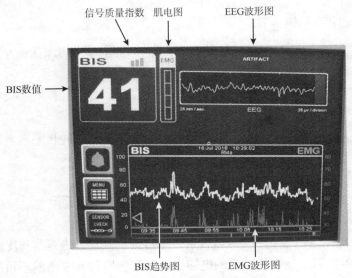

图 4-5　BIS 监护仪的正常波形与图例

四、脑电双频指数波动的处理

（一）BIS 值突然增加

1. 检查是否有干扰。如肌电图、电烧、高频信号，这些高频干扰可能会破坏脑电信号，导致 BIS 值偏高。

2. 确保麻醉给药系统运行正常，麻醉药剂量正确。挥发罐设置参数的改变、新鲜气流流速变化、静脉输液泵的设置、静脉给药途径可能会导致麻醉效果的突然改变，引起 BIS 值的变化。

3. 确保麻醉剂量充足。麻醉药剂量或手术变化引起相关的大脑皮质状态的改变，从而导致 BIS 值突然改变。

4. 评估目前的手术刺激强度。当伤害性刺激增强时，BIS 值可能会一过性升高。

（二）BIS 值突然降低

1. 评估药物的改变。静脉单次追加药物，改变吸入麻醉药、辅助用药（β 受体阻断药，α_2 受体激动药），均可能引起 BIS 值的快速降低。

2. 评估目前的手术刺激强度。当伤害性刺激减弱时，BIS 值可能会相应的降低。

3. 考虑是否因追加肌松药所致。在某些情况下，尤其是当给药前 EMG 活跃时，给予肌松药后可导致 BIS 值降低。

4. 评估其他的生理改变。严重的低血压、低体温、低血糖或缺氧，可能降低大脑活动状态，引起 BIS 值降低。

5. 评估麻醉苏醒状况。在使用吸入麻醉的苏醒过程中，患者在清醒前出现短暂的一过性的 BIS 值降低，这种改变被称为反常苏醒现象，临床意义尚未明确。

（三）BIS 的趋势图

麻醉过程中 BIS 趋势图可用于监测镇痛效果，趋势图平滑表明镇痛足够；趋势图不平滑，表明镇痛不足，需增加镇痛药物。

（四）肌电图

EMG 监测肌松情况，全空表明肌松足够；如果出现橘色柱状图则表明肌松不够，根据手术情况追加肌松药。

五、脑电双频指数监护注意事项

1. 当患者肌肉活动或僵化、头或身体移动、持续的眼动、传感器与皮肤接触不良或者是不正确的传感器位置、异常或过多的电冲突，都可能导致 BIS 值的不可靠；伪迹及很差的信号质量也可能导致不准确的 BIS 结果。

2. 当通过对 BIS 结果的解释来作出临床诊断时，始终应结合其他有用的临床体征来进行判断。

3. 对有明确神经障碍患者、服用有精神作用药物的患者及年龄不足 1 岁的儿童使用 BIS 的经验还不多，故在对这些患者所得出 BIS 数值进行解释时要非常慎重。

4. 不推荐完全依靠 BIS 监护来进行麻醉中管理。

5. 进行 BIS 监测时，当信号质量指数（SQI）达到 100 时，BIS 值是最可靠的。

6. 由于信号传导的原因，BIS 数值滞后 15s，即当前的数值是前 15s 时患者的状态。

7. 使用 BIS 监护仪需要避免以下危险操作。

（1）避免将 BIS 传感器或电极置于手术部位和电外科设备电极回路之间，避免使用高频电刀时引起的电极烧毁风险。

（2）患者需除颤时，避免将 BIS 传感器置于除颤仪电极之间。

（3）避免液体进入传感器接头，其接触液体后可会影响 BIS 传感器性能。

（张鑫杰）

第5章 气体监护仪的临床应用

第一节 二氧化碳气体监护的临床应用

一、二氧化碳气体的监护原理

呼气末二氧化碳（end-tidal carbon dioxide，$ETCO_2$）监测，是一种连续不间断的无创监测技术，包括监测呼气末二氧化碳分压（pressure of end-tidal CO_2，$P_{ET}CO_2$）、呼气末二氧化碳浓度（concentration of end tidal CO_2，$C_{ET}CO_2$）、二氧化碳波形及其趋势图，$P_{ET}CO_2$监测主要用于判断机体的循环、代谢、肺血流及肺通气的变化，监测呼出气体中二氧化碳的含量，具有重要的临床意义。在国内外，$ETCO_2$监测在临床中得到广泛的应用，如重症医学科、麻醉科等一级科室，$P_{ET}CO_2$监测已成为临床的常规监测手段。$P_{ET}CO_2$监测不仅可用于确定气管插管的位置，还对院前急救、重症监护、麻醉后复苏具有重要的临床价值。$P_{ET}CO_2$也被认为是除体温、脉搏、呼吸、血压、血氧饱和度以外的第六个基本生命体征。

$P_{ET}CO_2$的监测原理

$P_{ET}CO_2$的监测方法主要有质谱仪法，比色法，红外线光谱分析法，临床上最常使用的是红外线光谱分析法，是通过测定红外光特定波长的吸收率，来确定$ETCO_2$的浓度（$P_{ET}CO_2$），因为CO_2分子能够吸收特定波长$4.26\mu m$的红外线，CO_2浓度的高低与其吸收能量多少有关，所以根据散射光线的密度来判定气体分压，$P_{ET}CO_2$正常值为$35\sim45mmHg$。当红外线穿透CO_2气体时，能量随之衰减，其衰减程度可用光电换能原件探测，并将之转换成电信号。而根据吸收的红外光能量大小，可确定此时CO_2的浓度，并根据连续呼出的CO_2波形计算出呼吸频率，获得更多的临床信息。

二、二氧化碳气体的监护导联与波形选择

对于有人工气道的患者，根据传感器位置的不同，CO_2监测方式分为主流式CO_2监测和旁流式CO_2监测两大类。鼻套管旁流式监测常用于未建立人工气道的患者。

（一）主流式二氧化碳监测

主流式CO_2监测方法　首先通系统电源后，将传感器接到CO_2模块插座上，屏幕上

显示 CO_2 传感器正在预热，传感器预热达到工作温度后，启动传感马达，经过 5～10s 后传感器打开红外线光源，进入正常测量状态，在 CO_2 波形名标识后显示"MAIN"信息。

主流式 CO_2 监护仪的红外线传感器直接置于呼吸回路中，不需要采集气体样本，可直接测量 CO_2 的含量，而且测量的时间比旁流式监测要短，但由于检测装置位于患者人工气道中，需每日进行校准。

1. 优点　测定及时、准确，气道内分泌物、水蒸气对监测结果影响甚微。

2. 缺点　有一定的重量、固定困难，增加无效腔量（约 20ml），仅能用于插管患者的监测。

（二）旁流式二氧化碳监测

1. **建立人工气道患者旁流式二氧化碳监测**　旁流式 CO_2 监测方法：首先将水槽插到固定座上，为消除水汽的影响，在采样管与水槽之间增加一根抗凝管，此管是永久性的，然后正常启动 CO_2 模块，在进入正常监测状态下，在 CO_2 波形名标识后显示"SIDE"信息。

旁流式 CO_2 监护仪是从呼吸回路中连续不断地采集定量气体标本，经过采样管进入测量室，监测过程通过将采样管的头端尽量靠近患者，减少无效腔对测量结果的影响，旁流式 CO_2 监测方法如图 5-1。

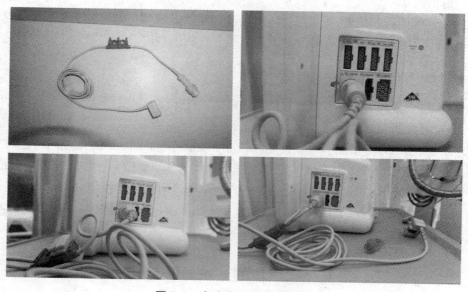

图 5-1　旁流式 CO_2 监测方法

（1）优点：测定更及时、准确，气道内分泌物或水蒸气对监测结果影响小。

（2）缺点：有一定重量、固定不便，增加额外无效腔量（约 20ml），仅能用于插管患者的监测。

2. **未建立人工气道患者鼻套管旁流式二氧化碳监测**　未建立人工气道可使用鼻套管

旁流式 CO_2 监测，口腔管在口腔最佳位置采样，氧气可通过细小管腔输送至鼻及口腔，增加患者舒适同时减小所采样 CO_2 的稀释，优化了采样波形和快速反应时间。

（1）优点：监测时不需要密闭环境，适用于无人工气道患者的监测。

（2）缺点：因呼出水汽，冷凝后结成水珠阻塞取样管或因取样管过长引起漏气、扭曲、打折，都可能导致数据不准，波形失真，反应速度慢等问题。

三、二氧化碳气体监护的正常波形与图例

细胞组织代谢产生的 CO_2，经过全身静脉运输到肺内，呼气时可排出 CO_2，身体内二氧化碳产量（carbon dioxide production，VCO_2）及肺通气量（pulmonary ventilation volume，VA）决定了肺泡内的二氧化碳分压，即 $P_{ET}CO_2$。

$$P_{ET}CO_2 = 二氧化碳产量（VCO_2）\times 0.863 / 肺通气量（VA）$$

$P_{ET}CO_2$ 是临床检测的一项重要指标，也是保证患者安全的重要参数之一。$P_{ET}CO_2$ 的波形图例可以有效的反映人体代谢、循环、呼吸、麻醉等过程中是否正常的生理状态，从而指导医师调整呼吸模式和呼吸机参数，减少不必要的操作，同时可以及时有效地对患者采取正确的治疗措施。在医用二氧化碳气体检测中，呼吸是一个动态频率，吸入体内的是新鲜空气，即氧气和氮气。从体内呼出的是废气，即二氧化碳、氧气、氮气等，因此需要人为的识别动态呼吸气体中二氧化碳浓度变化。在二氧化碳浓度波形上找出呼气末二氧化碳（ETCO_2）、吸入二氧化碳浓度（concentration of inhaled CO_2，InsCO_2）和气道呼吸率（airway respiratory rate，AwRR），如图 5-2 所示。

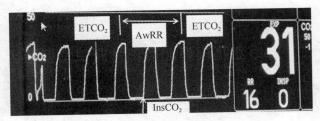

图 5-2　二氧化碳浓度波形示意

（一）正常的二氧化碳气体波形一般分为四相四段

1. Ⅰ相　吸气基线，一般均处于零位，为呼气开始部分，是呼吸道内无效腔气体，因而不含有 CO_2。

2. Ⅱ相　呼气上升支，比较陡直，是肺泡与无效腔的混合气体。

3. Ⅲ相　CO_2 一般为水平或微向上倾斜的曲线，称为呼气平台，它是混合肺泡气，平台的终点代表了呼气末气流，为 $P_{ET}CO_2$ 值。

4. Ⅳ相　吸气下降支，CO_2 曲线迅速且陡直下降，直至基线的新鲜气体进入气道。

（二）$P_{ET}CO_2$ 波形图应注意观察 5 个方面

1. 基线　InsCO 浓度，一般应为零。

2. 高度 表示 $P_{ET}CO_2$ 浓度。

3. 形态 正常与异常波形。

4. 节律 表示呼吸机功能或呼吸中枢。

5. 频率 $P_{ET}CO_2$ 波形频率即为呼吸频率。

（三）正常 CO_2 波形的定量指标和定性指标

1. 吸气中无 CO_2 波形表示通气环路功能为正常，无重复吸入。

2. 呼气中出现 CO_2 波形表示代谢时产生的 CO_2 经过循环后从肺内排出。

3. 呼气时 CO_2 波形上升或平台波 CO_2 波形快速上升表示呼气初期气量足，接近水平的平台波则表示正常的呼气气流及不同部位的肺泡几乎同步被排空。

四、二氧化碳气体的监护异常与图例

（一）$P_{ET}CO_2$ 值增高

1. $P_{ET}CO_2$ 值突然增高 任何能使肺循环二氧化碳含量增高的原因均能使 $P_{ET}CO_2$ 突然短暂上升，例如应用碳酸氢钠或者松解外科止血带时，如图5-3。

2. $P_{ET}CO_2$ 值缓慢增高 潮气量或分钟通气量不足，体温升高，气道阻塞、呼吸机小量漏气，CO_2 的产生增多，气腹时 CO_2 吸收，也可见于情绪激动，如图5-4。

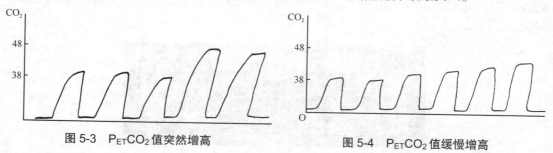

图 5-3 $P_{ET}CO_2$ 值突然增高　　　　　　图 5-4 $P_{ET}CO_2$ 值缓慢增高

（二）$P_{ET}CO_2$ 值降低

1. $P_{ET}CO_2$ 值突然降至零线水平 提示情况紧急，说明有效的肺循环与肺通气不足或缺乏。提示气管插管误入食管，呼吸机接头及管路滑脱，或呼吸道梗阻等，如图5-5。

2. $P_{ET}CO_2$ 值突然降至非零线水平且曲线形态异常（无平台期） 说明呼气无间断，但可能存在漏气情况。提示呼吸系统存在漏气，麻醉面罩连接不紧密，如图5-6。

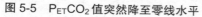

图 5-5 $P_{ET}CO_2$ 值突然降至零线水平　　　　图 5-6 $P_{ET}CO_2$ 值突然降至非零线水平

3. $P_{ET}CO_2$ 值持续偏低且曲线形态正常（平台期等高）　多发生于过度通气和生理无效腔增大，如图 5-7。

4. $P_{ET}CO_2$ 值持续偏低，曲线形态异常（无平台期）　说明吸气之前肺换气不完全。提示支气管痉挛，气道分泌物增多，造成小气道阻塞，呼出气体被新鲜气流所稀释，如图 5-8。

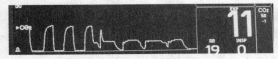

图 5-7　$P_{ET}CO_2$ 值持续偏低（平台期等高）

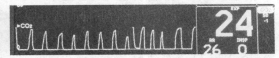

图 5-8　$P_{ET}CO_2$ 值持续偏低（无平台期）

5. $P_{ET}CO_2$ 值短时间内呈指数性降低且曲线形态正常（平台期不等高）　提示灌注急剧下降。如心搏骤停，肺栓塞，严重肺血流灌注减少，如图 5-9。

6. $P_{ET}CO_2$ 值慢慢降低且曲线形态正常（平台期不等高）　见于体温下降，过度通气，全身或肺灌注量减少，如图 5-10。

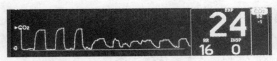

图 5-9　$P_{ET}CO_2$ 值短时间内呈指数性降低

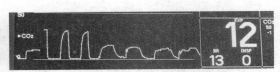

图 5-10　$P_{ET}CO_2$ 值慢慢降低

（三）波形形态异常

1. $P_{ET}CO_2$ 逐渐变形（上升期斜行慢慢上升）　见于支气管痉挛，气道阻塞，气道痰液贴壁，呼吸管路扭曲，如图 5-11。

2. 基线和 $P_{ET}CO_2$ 同时逐渐升高（平台期升高）　见于监测活瓣关闭失灵，二氧化碳吸收剂失效，二氧化碳重复吸入，如图 5-12。

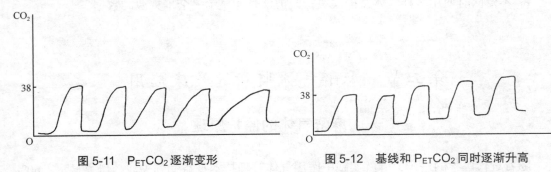

图 5-11　$P_{ET}CO_2$ 逐渐变形　　　　　图 5-12　基线和 $P_{ET}CO_2$ 同时逐渐升高

3. $P_{ET}CO_2$ 逐渐下降（平台期下降）　见于过度通气，管路漏气，肺泡无效增大，如图 5-13。

4. $P_{ET}CO_2$ 不规则波形（平台期凹陷）　在控制呼吸期间，麻醉或镇静深度不够时，自主呼吸与呼吸机产生人机对抗，如图 5-14。

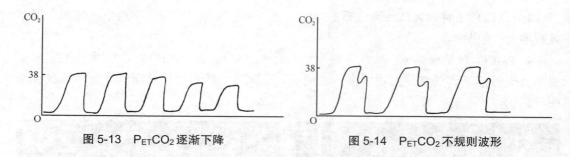

图 5-13　$P_{ET}CO_2$ 逐渐下降　　　　　　　　图 5-14　$P_{ET}CO_2$ 不规则波形

5. $P_{ET}CO_2$ 突然下降至零（波形消失）　持续正常的 $P_{ET}CO_2$ 波形，从某次呼气时呼吸值突降至零。提示呼吸机接头或管路滑脱，气管插管完全扭曲，管路阻塞，如图 5-15。

图 5-15　$P_{ET}CO_2$ 突然下降至零

五、二氧化碳气体监护注意事项

1. 定期用标准浓度气体做标定，使用前应在大气压下调整基线于零点。
2. 气体采样管要接近气管导管接口处，小儿应置于气管导管前端。
3. 采样管应干燥不含水分，最好采用一次性采样管。
4. 及时清除储水罐内水分，避免影响监测结果。
5. 避免传染病的传播，请勿使排气管朝患者或使用者方向排放。
6. 排气管勿扭结或阻塞，如阻塞回流压力可能导致气体读数不准确，还可能损坏模块或监护仪的内部组件。
7. 旁流分析仪检测不出呼吸线路中的泄漏，呼吸线路中如存在漏气，会导致读数不准。
8. 不要同时使用多种气体监护模块，监护仪只能显示一个采集源的数据。

（于　波）

第二节　麻醉气体监护的临床应用

一、麻醉气体的监护原理

随着近代医学的进步，麻醉实践中医用气体管理技术日益受到关注。研究显示，60%的严重麻醉事故与患者的呼吸系统及气体管理设备有关。目前麻醉相关的气体有生理气体和麻醉气体两类。生理气体主要包括氧气、二氧化碳。麻醉气体包括气体麻醉药（如氧化亚氮）和各种挥发性吸入麻醉药（如氟烷、安氟烷、异氟烷、七氟烷、地氟烷等）。医用气体管理得当对提高麻醉安全具有重要作用。呼吸末氧气、二氧化碳监测得以避免频繁动脉血气检查给患者带来创伤；监测吸入麻醉气体浓度对避免深麻醉危险，防止麻醉中觉醒的指导意义也已得到公认。医学气体监护可以提高临床麻醉管理的科学性和安全性。因此，许多国家已将气体监护列为基本麻醉监护项目。

（一）氧气与二氧化碳监护

1. 氧浓度监护

（1）极谱电极法（polarographic electrode method）：基于氧能接受一个电子的特性，在一个塑料硬管的探测端用复合透气塑料膜与外界隔开，管内安置一个铂丝阴极和一个银阳极，电极浸入电解液中。使用时将探测端插入气路内，在两极上加以极化电压（630～640mV），当氧透过塑料膜进入电解液中，氧在阴极接受电子被还原，银在阳极放出电子被氧化，电子传递形成外回路电流，电流大小与氧分压成正比。电流信号经电子系统处理后显示氧浓度，并设上、下限报警。

（2）化学电池法（galvanic electrode method）：用透气塑料膜使一个化学电池与外界隔开，氧透入后在金阳极接受电子被还原（阳极缺少电子）同时在铅阴极被氧化（阴极有多余的正电子），产生电位差，所形成的氧化电流与氧分压成正比。

（3）顺磁反应法（paramagnetic method）：与其他气体相比氧分子有强烈的顺磁反应性，当其与磁场的磁性相同时氧体积收缩，磁性相反时氧体积膨胀。将气样与参比气（空气）两条管道引入迅速通断的强磁场缝隙，由于磁场对氧分子的作用力，两管之间产生交替的压差，用灵敏的压差传感器探测，转换成直流电压信号，后者与氧和参比气的分压差成正比，经电子系统处理，以数字和波形显示。

2. 二氧化碳浓度监护　基于 CO_2 能吸收特定波长红外线的特性，将气样送入一个透明的样品室，一侧用红外线照射，另一侧用光电换能元件探测红外线的衰减程度，后者与 CO_2 浓度成正比。所测信号和一个参比气（空气或氮气）信号比较，经电子系统放大处理后用表针或数字、图形显示 CO_2 浓度。气样的采取包括旁流式和主流式两种形式。

（二）吸入麻醉药监护

1. 红外线吸收分析法　许多物质，包括一些呼吸气体和麻醉药能吸收红外线能量，其吸收情况取决于原子内在的波段能量特征、自由程度和多原子分子的偶极子运动。其中 CO_2、N_2O、H_2O 和氟化的碳酸根在通过红外线波段时表现出很强的吸收峰，而非极化分子氩、氮和 O_2 则不能吸收红外线，从而不能采用此技术进行测定。在红外线的波长范围里，每种呼吸气体和麻醉药气体都表现出一致的吸收最大量。例如：CO_2 的最大吸收在 4.2～4.4nm，N_2O 最大吸收在 4.4～4.6nm，CO_2 和 N_2O 的吸收在 4.4nm 处有轻度叠加，因此，在高 N_2O 浓度的情况下，CO_2 分析仪可能不准确。由于这些交叉敏感性，一些仪器通过测定 N_2O 来校正 CO_2 读数。

2. Raman 波谱仪　当可见超冲击性光撞击气体分子时，其能量被吸收并再散射。大多数能量如同其被吸收时一样，以相同的波长、相同的方向再散射。而约有 1/100 万的吸收能量以新的波长及垂直的方式再发散成偶发射线，这种现象称 Raman 光散射。与红外线吸收不同，Raman 消散不受多原子和多极性等气体波谱的限制。所以 O_2、N_2、H_2O、CO_2、

N_2O、氟烷、安氟醚、异氟醚和七氟醚等都表现有 Raman 活性。

3. 质谱仪 将呼出及吸入气以 60ml/min 的速率输入质谱仪，气体分子在阴极电子束轰击下离解成离子，一些正离子经加速和静电聚焦成电子束，进入测试室，在离子束出口的垂直方向施加强磁场，使其分散成弧形轨道，沉积在一盘上，每种气体离子的轨道半径与各自的质量：电荷比值成正比。在空间分散形成"质谱"。再经离子收集测量不同气体离子所带的电流，电流量大小与气体内离子数目成正比，经计算器处理后，在 200μs 内报出数值，亦可有波形显示。

4. 其他监测方法

（1）压电晶体共振分析仪（piezoelectric crystal resonance analyzer）：强效吸入麻醉药的浓度能用压电分析法测定。分析仪采用被脂质层敷膜包绕的振动晶体，当脂质层与吸入麻醉药接触时，吸入麻醉药能被吸收入脂质内，所致的脂质质量改变能影响晶体的振动频率。通过采用含有两个振动回路的电子系统（其中一个连接在未被脂质敷膜的晶体上，称参照回路；另一个连接于被脂质敷膜的晶体上，称测定器），从而产生与吸入麻醉浓度成比例的电信号。

（2）气相色谱仪：将呼吸气体注入气相色谱仪进样器，不同的气体成分在色谱柱中被深步分离，并分别进行热导或氢焰检测法测定。可同时测定各种不同气体的浓度，如 CO_2、安氟醚、异氟醚、七氟醚、地氟醚等。

二、麻醉气体监护的参数与压力波形

呼吸气体中的麻醉气体浓度，与患者的麻醉深度和生理功能干扰程度具有密切关系。监测麻醉气体浓度，对指导麻醉实施和提高麻醉安全性具有重要意义。

（一）麻醉气体可监测的参数

麻醉气体监护仪可以显示安氟醚[Enflurane（Enf）]、异氟醚[Isoflurane（Iso）]、七氟醚[Sevoflurane（Sev）]、氟烷[Halothane（Hal）]、地氟醚[Desflurane（Des）]、氧化二氮[笑气（N_2O）]和二氧化碳（CO_2）吸入/呼出的两种参数数值。常见的麻醉气体监护仪如图 5-16 和图 5-17 所示。

图 5-16　麻醉气体监护仪（A、B）

如果所使用的麻醉气体监护仪带有 O_2 模块，除了可以监测吸入/呼出的 5 种麻醉药、N_2O 和 CO_2 以外，还可以监测吸入/呼出的 O_2 浓度。

最低肺泡有效浓度（minimum alveolar concentration，MAC）是指在一个大气压下能使 50%的患者在切皮时无肢动反应的某种吸入麻醉药的最低肺泡浓度，受年龄、体温、嗜酒、合并用药影响，临床测定以呼气末浓度为准。

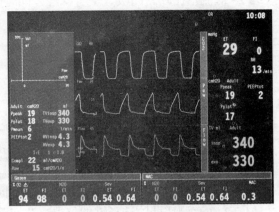

图 5-17　麻醉气体的波形和数值

（二）麻醉气体的压力波形

系统可以同时显示 4 道气体波形，有 CO_2 波形、N_2O 波形、O_2 波形、1 道麻醉药气体波形。缺省时显示 CO_2 波形。值得注意的是麻醉气体监护仪一次只能显示一种麻醉药的波形和数值，见图 5-17 所示。

三、麻醉药吸入监护的临床应用

（一）吸入麻醉药监护仪的国际标准

1. **挥发性麻醉药监护仪标准**　挥发性麻醉药能用质谱仪、红外线分析仪、气相色谱仪、Raman 波谱仪和压电晶体共振分析仪测定。其仪器标准要求如下。

（1）对于氟化吸入麻醉药，平均麻醉药气体测定结果和麻醉药气体浓度之间的差别应在±（0.15vol%+麻醉药气体浓度的 15%）的范围内。在指定的麻醉药浓度水平，麻醉药气体测定结果的标准差×6 应≤0.6vol%；68%以上的测定结果处于平均值±0.1vol%的范围内；95%以上的测定结果处于平均值±0.2vol%的范围内；99%以上的测定结果处于平均值±0.3vol%的范围。

（2）必须设置有高浓度报警装置，低浓度报警属任意性。使用者应能调节和改变仪器的高和低浓度报警阈值。高浓度报警的声响信号应属中度优先性质；视觉报警信号为黄色，闪烁频率为 0.4～0.8Hz。如果仪器设置有低浓度报警装置，其声响信号必须为低度优先，视觉信号为持续的黄色灯光。

（3）声响报警的临时寂静状态不应超过 2min。

2. **N_2O 监护仪标准**　N_2O 可用红外线分析仪、气相色谱仪、质谱仪和 Raman 波谱仪测定，对仪器的标准要求如下。

（1）平均测定结果与实际浓度的差别应处于±（2.0vol%+8%N_2O 测定结果）的范围内。

（2）在指定的 N_2O 浓度水平，测定结果的标准差×6 应≤10%。68%的测定结果处于平均值±1.7vol%的范围内；95%以上的测定结果处于平均值±3.3vol%的范围内；99%以上的测定结果处于平均值±5.0vol%的范围内。

（二）适应证

1. 应用强效挥发性麻醉药，如安氟醚、氟烷、异氟醚。
2. 低流量循环紧闭吸入全身麻醉，同时监测 O_2、CO_2、N_2O 等浓度。
3. 专用蒸发器输出浓度的定期监测。
4. 简易蒸发器的输出浓度监测等。

（三）临床测定实践步骤

1. 准备工作

（1）在采用不同原理的监护仪测定吸入麻醉药浓度时，其反应时间各异，缩短仪器反应时间的措施有：缩短采样管的长度和减小其内径；增加吸入气流；采样管的化学成分结构亦十分重要，氟化吸入麻醉药在采样管材料中的分配系数与其反应时间明显相关。所以需选择专用和合适长度及内径的采样管，不同型号监护仪的采样管不能互换使用。

（2）在有测定药物选择键的仪器，测定前应检查选择键位置是否正确。

（3）仪器有预热时间要求时，需预先开机充分预热。

（4）仪器校准：测定蒸发器输出浓度或监测患者呼吸气中麻醉药浓度时，通常需要对所用仪器进行校准。仪器校准的一般程序如下。

①进入气体校准菜单。

②将采气管置于空气中调零。

③按照菜单指示，向采气管或传感器输送已知浓度的标准气体。

④等待检测数值显示稳定，将显示数值调整到标准气体的已知浓度值。

⑤确认校准数据后，关闭标准气源。

⑥退出气体校准菜单。

2. 测定步骤　以红外线分析仪为例说明如下。

（1）仪器预热至少 10min，并预设高、低浓度报警阈值。

（2）选定待测药物气体的选择按钮和峰值钮。

（3）选定检测钮，将采样管通大气，调节零点。

（4）采样管与麻醉机通气环路连接，如果测呼气末浓度，将采样管接在呼气端；如果测呼吸周期中麻醉药浓度变化的波形，应将采样管连接至气管导管与通气环路的连接处；如果测蒸发器输出的麻醉药浓度是否与刻度盘一致，应连接至蒸发器的输出端。

（5）指针式读出浓度值或直接以数字显示。气相色谱法需在吸气期或呼气期末用注射器采集气样，注入仪器的进样口进行分析测定。气体分析仪等需定期用标准气样进行定标和校正。

（四）吸入麻醉药监护的临床意义

1. 检测蒸发器的功能和容量　从麻醉机共同气体出口处采样监测吸入气麻醉药浓度的主要目的是评价蒸发器的准确性。专用的药物监护仪能够及时发现蒸发器的注药错误。在采用非特异性药物监护仪时，充药错误可使其读数显示异常。表 5-1 为在红外线监护仪选择键误置情况下常用挥发性麻醉药的测定结果。对专用蒸发器性能有怀疑时，应随时监测其输出的麻醉药浓度，以及时发现蒸发器的故障或操作失误。对简易蒸发器的应用，可持续了解其输出的麻醉药浓度，从而提高患者麻醉的安全性。

表 5-1 麻醉药监护仪选择键误置对测定结果的影响

仪器的药物选择	正在应用的麻醉药浓度（%）		
	氟烷	安氟醚	异氟醚
氟烷	1	>5.0	>5.0
安氟醚	0.2	1.0	1.2
异氟醚	0.2	0.8	1.0

当新鲜气流量超出或低于蒸发器正常使用所需的范围，或新鲜气体成分改变时，蒸发器的输出均可发生明显变化（表 5-2），亦需监测吸入麻醉药浓度。另外，当蒸发器药物意外耗尽时，监护仪的低浓度报警装置能及时提醒麻醉医师。

表 5-2 载气成分改变对蒸发器浓度输出的影响

载气变化	蒸发器输出浓度变化范围（%）	输出浓度变化的持续时间（min）
$100\%O_2 \rightarrow 100\%N_2O$	$-15.8 \sim 44.8$	$8.0 \sim 9.9$
$100\%O_2 \rightarrow 50\%N_2O$	$-7.3 \sim 20.0$	$7.0 \sim 9.7$
$100\%N_2O \rightarrow 100\%O_2$	$+19.4 \sim +182.0$	$8.5 \sim 16.6$
$50\%N_2O \rightarrow 100\%O_2$	$+9.6 \sim 27.6$	$8.0 \sim 14.5$

2. 发现意外性药物应用　通过监测吸入麻醉药浓度可及时发现以下情况。

（1）蒸发器被意外地置于开启位。

（2）误将浓度控制盘反方向旋转。

（3）吸入麻醉药向新鲜气流管路泄漏，如蒸发器注入药液过多，超过其上限线，尤其使用流量控制型蒸发器时，流量过大，载气通过蒸发器时药液四溅，可随吸气流入通气环路和呼气道，意外性造成极高的吸入麻醉药浓度。

3. 正确的药物应用　监测患者吸入气和呼出气中的麻醉药浓度，可了解患者对麻醉药的摄取和分布特征，正确估计患者接受麻醉药的耐受量和反应，从而防止低血压、高血压和循环抑制的发生。有研究发现，挥发性麻醉药应用不当与麻醉中 1/3 以上的心搏停止有关。持续监测呼吸气体中的麻醉药浓度，可安全地将强效挥发性麻醉药应用于极低流量、重复吸入或无重复吸入装置中。

4. 了解麻醉深度　将呼气末麻醉药浓度折算成相应的麻醉药 MAC 系数，为精确了解麻醉深度和掌握患者苏醒时间提供依据。在相同 MAC 时，麻醉深度相同便于比较不同麻醉药的强度及其对生理功能的影响。另外，监测麻醉药浓度还有助于诊断患者麻醉后苏醒延迟。

5. 检测被污染的麻醉气体　在没有开启挥发性麻醉药蒸发器的情况下，如果在应用

N_2O 时麻醉药浓度监护仪显示有挥发性麻醉药浓度,说明 N_2O 源中有污染物,应停止使用。

6. 检测流量计功能和防止低氧混合气吸入 持续监测 N_2O 能及时了解流量计功能是否正常和吸入气中 N_2O 浓度是否过高,对防止低氧混合气吸入十分重要,尤其在气源接错或麻醉机缺乏氧安全装置失灵的情况下。

在应用 N_2O 麻醉结束时,监测 N_2O 浓度有助于了解其从患者体内的排出情况,可防止因过早停止氧气吸入而发生的弥散性缺氧。

四、麻醉气体监护注意事项

(一)红外线分析仪应用注意事项

1. 不能测定氧气和氮气 与质谱仪和 Raman 波谱仪不同,红外线分析仪不能测定氧和氮浓度,在应用红外线原理的监护仪时,氧的测定需采用其他技术方法。

2. 气体间的干扰 氧不能被红外光所吸收,但能增宽 CO_2 吸收光谱,从而使 CO_2 读数降低。在应用红外线 CO_2 分析仪时,95%的氧能使 CO_2 测定结果降低 0.5%。CO_2 和 N_2O 的红外线吸收峰存在部分重叠,从而测试气中含有 N_2O 可假性增高 CO_2 读数,每 10%浓度的 N_2O 能使 CO_2 浓度增加 0.1%或 1.4mmHg。如果红外线分析仪能同时测定 CO_2、O_2 和 N_2O 等,多能自动校准 O_2 和 N_2O 对 CO_2 测定的影响。在仅能测定 CO_2 的红外线分析仪,使用者需注意 N_2O 对测定结果的影响。

3. 醇和丙酮的干扰 在测定挥发性麻醉药时,尤其是氟烷,如果样本气中含有乙醇、甲醇、丙酮蒸气,可使测定结果发生假性增高。在利多卡因喷雾剂中如含乙醇,同样可使监测仪结果出现异常。

4. 水蒸气的干扰 水蒸气可在多个波长部位吸收红外光,从而干扰 CO_2 和吸入麻醉药的读数。

(二)质谱仪应用注意事项

1. 仅能测定预设的气体 应用质谱仪时,其读数的准确性取决于其气体样本中不含非预设气体。一种未知的非预设气体进入质谱仪,当待测气体进入质谱仪时,虽然分析仅能输出气体浓度,但其结果呈假性明显升高;如果质谱仪内有明显高浓度的氮气,测定结果更易出现明显错误。

2. 需要清除系统 被抽入质谱仪测定后的气体必须被清除,而不能将其返还通气环路,从而需增加新鲜气流量以代偿被移除的气体。

3. 间隔时间 虽然对每位患者的测定间隔时间极短,但在有些情况下亦是限制其使用的明显缺点,如在发生气栓或气管插管需观察患者呼吸气体浓度的突然变化时,此间隔时间往往就不能被接受。为解决此问题,一些新型的质谱仪能够人为增加对某一患者的采样频率。在此种情况下,一般认为最好采用非质谱性设备进行测定。

4. 特殊安装 采用共享型系统时,中央监护室需单独的房间和特殊的空气调节环境,在每个手术间需安装专用的采样管道网。

5. 远距离监测困难　应用共享型系统时，中央质谱仪与采样点的距离有标准限制。更换一个新的通路需关闭操作，启动时间需≥6min，并且需重新进行关闭和启动的系列操作程序。

6. 预热时间　为进行准确测定，质谱仪需要相当长的预热时间，以排空分析室。

7. 占用空间较大　在手术室，专用质谱仪需要固定的放置位置，共享型质谱仪需要有专用的房间等。

（三）其他

1. 通电后麻醉气体模块就处在待命工作模式。设置测量状态的 30s 后即可进行测量，给出 ISO 精度（准确度）的数据，在 10min 内给出 Full 精度（全精度）的数据。

2. 抽气流速的选择，抽气速度会影响测量精度。建议设置：成人 120ml/min，小孩 100ml/min，婴儿 70ml/min。

3. 每月更换一次水槽，如果出现堵塞报警提示或者抽气泵噪声变大时应及时替换水槽。

4. 不做麻醉气体监护时，应该取下水槽或通过软件设置使模块处在待命状态。以延长模块使用寿命。

5. 半年左右行一次定标检验；每年对麻醉气体测量功能进行一次检验，包含准确性和气路的漏气性检验。

6. 气体监护仪附近使用电刀等强电磁波也能影响气体测量值。另外，旁流式气体监护仪在工作时要吸入一定量的麻醉回路气体，使用者需注意额外补充新鲜气体。必要时可以将检测以后的气体引回麻醉回路。但有些仪器的排放气体中含有参比空气，回输后会引起回路内氮气蓄积，氧气和麻醉气体浓度下降。

（莫文平）

第6章 临床监护中常见的问题及处理措施

第一节 心电监护中常见问题及处理措施

心电监护仪具有实时、准确、无创等特点，在急救、危重患者监护、麻醉等临床领域应用广泛，为临床诊断、治疗及危重患者的抢救起到十分重要的作用。在应用过程中，如出现心电监护失灵或者干扰过大影响病情诊断要及时处理，心电监护仪使用过程中常见的影响因素和处理方法如下。

一、影响心电信号质量的因素

1. 安置心电电极位置不当。
2. 外接地线不好造成系统接地不良。
3. 外界电设备干扰。
4. 未及时更换电极片或者电极片过期。
5. 皮肤未清洁或毛发过多，导致电极接触不良。
6. 肌电干扰。
7. 呼吸等运动干扰。

二、处理措施

1. 监护仪显示心电波形干扰过多、效果差　心电波形基线不稳，波形紊乱，不易于观察心电波形。

处理的方法：排除电极片与皮肤接触不良等影响因素，粘贴电极片位置局部皮肤应用乙醇棉球清洁、脱脂处理，电极片尽量避免贴在肌肉较多、骨隆起处，并经常检查电极情况，以减少干扰；避免将电极片贴在埋藏起搏器的皮肤表面，以防止局部皮肤过敏或损伤；合理选择滤波；注意患者呼吸、躁动、寒战、体位变换等影响因素；避免在心电监护仪 $2m^2$ 范围内使用手机等通信设备，以减少电磁对心电波形的干扰。

2. 感知不良、显示的心率与实际不符　监护仪是通过感知 R 波振幅计数心率，当 R 波振幅太小，监护仪无法感知，导致监测的心率小于实际心率，而当 P 波或 T 波振幅过高，达到监护仪计数心率的高度，导致监测的心率为实际心率的两倍；此外，其他的干扰波一旦被感知到也会被误认为是一次跳动。

处理方法：在监护过程中，要根据实际情况及时调整监护仪感知 R 波的灵敏度，当 R 波太高时可以降低振幅，太低时应升高振幅，或者更换监护导联，如心率突然变化或者发出告警时要实际测量患者心率或者加做标准导联心电图。

3. 仪器伪差出现假报警　导联线脱落等产生的直线被监护仪识别为心脏停搏，或 R 波振幅太小监护仪无法计数心率时均可出现假报警。

处理的方法：快速检查监护仪导联线连接情况，检查电极片有无脱落，如果 R 波振幅太小提高 R 波振幅。需要指出的是，心电监护的导联是模拟导联，不能完全作为分析心律失常的诊断依据，如心电监护仪提示有心律失常发生时，需要做标准导联的心电图，以便进一步分析。

4. 假性 ST 段改变　ST 段受很多因素干扰，如基线不稳、电极片接触不好、寒战、肌紧张等。

处理方法：排除上述因素。多数情况下监护仪心电图不能准确分析 ST-T 的改变，如果要分析 ST-T 改变须做标准导联心电图。

（黄丽红　姜　娜）

第二节　无创血压监护中常见问题及处理措施

总结实际工作经验，为保证无创血压测量的有效性和准确性，要从患者、医护人员、监护仪所处环境和监护仪本身等多方面综合考虑，及时识别监护仪报警的原因，以及排除可能产生无法测量和测量数值偏差的原因，做好妥善处理。

一、无创血压监护仪报警

1. 袖带不充气　监护仪在试验模式下或 NIBP 被删除，试验模式时荧光屏只显示试验波，NIBP 被删除仪器不能检测。更正方法是重新启动复位键，使仪器从试验模式退出，启动 NIBP 键，恢复无创压测量。

2. 显示过压报警故障码　袖套气管弯曲严重引起气道堵塞，使充气压力大于315mmHg。更正方法是理顺充气管道排除堵塞物。

3. 充气超过 60s　袖套漏气或气管接插口不密闭，无法建立测压压力。更正方法是更换新袖套，排除气管接插口漏气故障。

4. 血压值偏高　患者因刚运动或大声说话情绪不稳定、袖套尺寸太小（使用小儿袖套测成人）、袖套的测量位置高于心脏的水平位。更正方法是让患者休息 3～5min，待情绪稳定后测、更换不合适的袖套、调整袖套与心脏的水平位。

5. 血压值偏低　袖套尺寸太大（使用成人袖套测小儿）袖套的测量位置高于心脏的水平位。更正方法是更换不合适的袖套、调整袖套与心脏的水平位。

6. 显示平均压值及舒张压均为"0"　患者心律失常，抽搐或打颤及因服用某些药物后引起心动过速。更正方法是稳定患者情况后，重新二次测量。

7. 平均压、收缩压、舒张压均为 "0"　袖带加压时患者血管收缩剧烈，抽搐或打颤。更正方法是稳定患者情况后，把袖套移至另一手臂进行二次测量。

二、可能造成无创血压监护测量故障的原因

1. 躁动　患者因病躁动，在测量时不能安静，常会造成无创血压测量数据的不准确或监护仪显示无法测量的错误信息。

2. 参数设置选择不当　无创血压测量要选择不同的患者类型，分为成人、儿童和新生儿 3 种，其测量方案不同。如果选择错误，就会影响测量准确性，甚至无法测量。

3. 袖带尺寸不合适或漏气　成人和儿童患者使用不同的袖带尺寸。袖带的宽度应该至少为手臂周径的 40%，长度为正好缠绕上臂一周，至少应包围上臂 80%；1999 年 WHO 专家委员会推荐成人袖带的宽度为 13～15cm，长度为 30～35cm，上臂粗大和肥胖者袖带宽度应大于 20cm。袖带过窄会导致测量读数过高；相反，袖带过宽会造成测量读数过低。袖带漏气或接头连接处松动，都会造成无创血压无法测量。

4. 外管路摆放不合理或漏气　无创血压测量时，袖带要缠绕在患者上臂与心脏同一水平处，外部气路胶管在手臂之上，平整地展开，不能打折，不能受到挤压。因为测压管路扭曲受压后，使得气压传导滞后变弱，压力波动值被阻断而大大衰减，同时也更容易受外界振动和噪声的干扰。外部气路胶管漏气或接头连接处松动，都会造成无创血压无法测量。

5. 无创血压测量电路故障　无创血压测量电路中经常出现故障的是压力泵和放气阀。一般检查的顺序是：首先测量压力泵和放气阀的线圈阻值是否正常，接着外接 12V 直流电源，测试压力泵通电工作是否正常，出气量是否正常；拆开放气阀检查腔内是否有污垢。

（张善红）

第三节　呼吸监护中常见问题及处理措施

一、呼吸监护中的常见问题

1. 呼吸参数异常或 "–? –" 显示　可能是电极放置欠妥当，电极脱落等。
2. 误报警的原因　高、低限报警值设置不当。

二、处　理　措　施

1. 呼吸参数异常或 "–? –" 显示时的处理　应检查电极放置是否妥当、是否脱落。监护呼吸不需另加电极，但电极安放很重要，可将两个用作提取呼吸信号的电极对角安放，以便获取最佳呼吸波。部分患者由于病情影响信号弱，呼吸浅表，计数不准确，

此时最好将 2 个呼吸电极置于右腋中线内侧和胸廓左侧呼吸时活动最大的区域以获取最佳呼吸波，但要避免心室和肝区处于呼吸电极连线上，以免产生伪差。与此同时应密切观察患者病情变化，有无窒息、缺氧、呼吸不规则等，及时采取措施，以缓解患者呼吸窘迫症状。

2. 高、低限报警值设置不当　呼吸参数在正常范围却呼吸报警，此时应重新设置报警界限参数。一般低限为 8～10 次/分，高限为 35 次/分。

（张　臻）

第四节　血氧饱和度监护中常见问题及处理措施

一、血氧饱和度监测中的常见问题

原因：信号跟踪到脉搏，屏幕上无氧饱和度和脉率值。

1. 患者移动过度，过于躁动，使血氧饱和度参数找不到一个脉搏形式。

2. 患者可能灌注太低，如肢体温度过低、末梢循环太差，使氧饱和度参数不能测出血氧饱和度和脉率。

3. 传感器损坏。

4. 传感器位置不准确（接头线应置手背，指甲面朝上）。

5. 血液中有染色剂（如亚甲蓝、荧光素）、皮肤涂色或指甲上涂有指甲油，也会影响测量精度。

6. 环境中有较强的光源。如荧光灯或是其他光线直射时，会使探头的光敏元件的接受值偏离正常范围，因此需要避强光，必要时探头需遮光使用。

二、血氧饱和度显示传感器脱落

1. 原因

（1）传感器如在位且性能良好，应注意连接是否正常，临床最常出现此种情况即液体溅进传感器接头处。

（2）血氧探头正常工作，开机自检后探头内发出较暗红光或红光较亮且闪烁不定。

2. 处理措施

（1）信号跟踪到脉搏、屏幕上无氧饱和度和脉率值时的处理

1）密切观察患者病情。

2）使患者保持不动或将传感器移到活动少的肢体，使传感器牢固适当或进行健康人测试，必要时更换传感器。

3）必要时对所测患肢注意保暖。

4）需要避强光。

5）时间过长可换另一手指测量，一般建议每 2 小时更换一次测量部位。

6）尽量避免同侧手臂测血压。

（2）血氧饱和度迅速变化，信号强度游走不定时的处理：尽量使患者保持安静少动，远离手术装置。

（3）血氧饱和度显示传感器脱落时的处理

1）若液体溅进传感器接头处，可用干布清洁，待干或吹干一段时间后即可恢复正常工作。

2）当出现血氧探头正常工作，而开机自检后探头内发出较暗红光或红光较亮且闪烁不定，此时须更换电缆线。

（孔晓梅）

第五节　有创压力监护中常见问题及处理措施

一、动脉压监护常见问题及处理措施

1. 传感器的零点位　零点位置偏差，会显著影响动脉压的测量值。零点校正时，应保证传感器与桡动脉测压点位置一致，体位改变时，及时调整传感器位置，重新校零，以保证数值准确性。

2. 管路堵塞　为保证测压管路的通畅，应使用 1% 的肝素盐水以 3ml/h 的速度持续冲洗管路或 Q2h 冲洗管路，加压气袋压力始终保持 300mmHg。

3. 出血、血肿　加强观察穿刺部位有无渗血、肿胀；提高穿刺技术，穿刺针固定稳妥；拔管后压迫并举高患肢 10min，凝血功能障碍者延长至 20min，然后加压包扎 30min。

4. 血栓　置管前进行 Allen 试验；选择合适导管，熟练掌握穿刺；套管针固定良好；测压管路保持通畅，套管针内有血块，及时抽出，切勿推入，阻塞严重者，应更换套管针；发现肢体远端有缺血症状，及时拔出导管，必要时手术取栓或用 20% 硫酸镁湿敷，每日 4～5 次，或用烤灯照射，每日 3 次，每次 15min。

5. 气栓　定时检查冲洗系统，如有气泡，应用开关冲洗清除；测压、取血等操作中严防气体进入。

6. 感染　严格无菌操作，加强局部无菌护理，每日消毒更换无菌敷料；导管留置期间无异常，一般留置 3～4d，最长不超过 7d；抽取动脉血时，避免污染导管接头处；管道内始终保持无菌状态；发现置管局部出现变色、疼痛、脓液形成或全身出现败血症表现时，应立即拔出导管，并进行尖端培养。

7. 其他　假性动脉瘤、肢端缺血、神经损伤、上肢肿胀伴局部感觉运动减退等。

二、中心静脉压监护常见问题及处理措施

1. 传感器的零点位置　患者体位改变时，测压前应重新校正零点，以保持测压管零点始终与右心房在同一水平线上（平卧位，右侧第 4 肋间腋中线水平；侧卧位，胸骨右缘第

3～4 肋间水平）。

2. 管路堵塞　每次测压后，及时将三通管转向生理盐水输入通路，做持续点滴，或 Q2h 冲洗管路一次，防止血凝块堵塞静脉。应用监测仪连续测定中心静脉压时，要保证管路处于持续冲洗状态，以保持测压管道的通畅。

3. 气栓　测压时，应先排尽测压管中的气泡，防止气体进入静脉内造成空气栓塞并影响中心静脉压值的准确性。

4. 应用测压通路输液　需利用测压的静脉通路输液时，可通过连接另一个三通管进行。一般情况下，不宜在此输液通路内加入血管活性药物及其他急救药物或钾溶液，防止测压时中断上述药物的输入或测压后药物随溶液快速输入体内，而引起血压或心律的变化，甚至危及生命。

5. 中心静脉压的测量　应在患者平静状态下呼气末进行。对机械通气治疗时，应用呼气末正压通气（PEEP）者，若病情许可，应暂停使用呼吸机、PEEP。患者咳嗽、腹胀、烦躁时，应予以处理，待其安静 10～15min 后再行测量。

6. 液面观察　随时观察测压管内的液平面能否随患者的呼吸而微微的上下波动，以判断测压管是否通畅，若管内液面无波动或液面过低，可能为静脉内导管堵塞、受压、漏液或导管尖端紧贴血管壁等原因所致，应及时处理。

7. 血栓　保持置管管道通畅，如发现有凝块堵塞，禁止强行推入，可用尿激酶 1 万 U/2ml 注入导管，2～3min 后回抽可将血凝块吸出。

8. 感染　严格遵守无菌操作规程，保持穿刺部位干燥、清洁，防止污染。每日更换测压管道、测压用生理盐水及穿刺部位敷料，保持三通管道及各连接处严密无菌，并妥善固定防止漏气或掉落。

（马晓欢）

第六节　体温监护中常见问题及处理措施

1. 测得体温值过低
原因：体温探头夹的过松或者测量时间少于 5min，或是患者腋下有汗。
处理：体温探头应夹紧患者腋下同时测量时间要超过 5min，若患者腋下有汗，擦干汗液。

2. 测得体温值过高
原因：患者测温前进食或是饮热水。
处理：应在测温前 20～30min 无进食，热敷，坐浴，灌肠等情况。

3. 不显示测量体温
原因：体温探头或是温度电缆脱落。
处理：应将体温探头与患者皮肤紧密连接，将温度电缆重新插入插座。

（宋　平）

第七节　急救/转运监护中常见问题及处理措施

一、常　见　问　题

1. 报警显示导联脱落的原因　电极脱落；导联线与电极连接脱离；干线与导联线脱落，干线与主机端口脱落；导联线内导丝断裂。

2. ECG（心电波）基线游走不定原因

（1）若为间断性游走：电极位置放置不准确；电极、拉线、电线连接不良。

（2）若为连续性游走：常由呼吸费力造成的。

3. 心电图人为干扰原因　患者肌肉颤动（寒战、紧张等易引起肌肉的颤动，波形似心房纤颤波）、基线游走。

4. 误报警的原因

（1）由于各参数上、下界限调整不合适。上限设置过低，下限设置过高均可出现频繁报警。

（2）心肌梗死急性期及高血钾患者，由于感知线同时感知 R 波及 T 波而误报心率高一倍。

（3）由于外界干扰或肌肉震颤误报不规则心律。

（4）安置起搏器者，由于感知线同时感知起搏信号及 R 波而误报起搏心率高一倍。

（5）电极片过敏者，由于人为刺激，电极片周围，屏幕上出现形似心室颤动而误报。

5. 患者出现呼吸、心脏骤停　病情发生变化；病情变化没能及时发现。

二、处　理　措　施

1. 报警显示导联脱落时的处理

（1）更换电极，力求做好电极放置部位皮肤的清洁，因为皮肤是不良导体，因此要获得电极和皮肤的良好接触。必要时先用乙醇去除皮肤上的油脂、汗迹。

（2）检查各连接处是否连接良好。必要时请专业人员维修。

2. ECG（心电波）基线游走不定处理　固定电极，缓解导联线牵拉。稳定患者情绪，缓解呼吸困难。

3. 心电图人为干扰处理　转运时注意患者的保暖，减少肌肉震颤。

4. 误报警的处理　检查原因调整报警极限。选择合适的导联监护。

5. 患者呼吸、心搏停止处理

（1）立即停止转运，就地抢救，给予患者心肺复苏，药物急救，呼救邻近科室医护人员支援救护。

（2）转运时密切观察患者病情变化，观察监护各参数，发生变化及时处理。

（吴雪影）

第八节　胎儿监护中常见问题及处理措施

胎儿监护中经常会出现一些短暂的或持续的异常胎心，临床常见异常胎心音情况及处理措施。

一、胎心异常的处理措施

首先识别胎心音异常的原因，认真评估胎儿情况。除了有针对性特异性处理措施外，对于所有胎心音异常的案例通过以下处理是可以改善缺氧和胎盘功能的。

1. 非手术干预

（1）吸氧：有研究发现，正常供氧让胎儿氧分压升高作用不大，而密闭式非回吸面罩可明显改善胎儿缺氧症状。

（2）改变体位：最佳体位是侧卧位。原因是能减少子宫对主动脉、腔静脉的压迫，增加子宫的回流灌注。

（3）减少或停止缩宫素使用：在胎心音异常、应用缩宫素的案例中，减少或停止缩宫素使用可以明显改善缺氧状况，待胎心音改善或恢复，可以重新使用缩宫素。宫缩间歇时间越长，胎盘的灌注回流越好，缺氧症状就会明显改善。

（4）补液：适量的补液可以增加母体的血容量，进而改善子宫的回流灌注。补液类型需要根据具体情况选择。

2. 手术干预

（1）持续的胎心音异常并且干预后无改善，需要多方面评估，如胎儿是否存在危险、继续干预是否有益等再行决策。

（2）临床上的手术干预时机很重要也很复杂。

二、晚期减速的处理措施

1. 改变母体体位，可选择侧卧位。
2. 停止缩宫素静脉滴注，减弱子宫收缩。
3. 面罩给氧（浓度为 100%）。
4. 进行补液输液治疗。
5. 改善低血压。

三、变异减速的处理措施

变异减速最常见的的原因是脐带受压，是分娩中最常见的一种变化。可以通过改变体位，左侧或右侧卧位无效时可以行胸膝卧位、停用缩宫素等办法来缓解症状。临床上变异减速有几种分类。

1. 羊水过少　可以考虑羊膜腔灌注来改善减速。

2. 脐带绕颈　当胎头入盆时脐带被拉紧所致；可以在宫缩间歇期尝试频繁推动胎儿来改善变异减速。

3. 脐带脱垂　改变体位，立即剖宫产。

四、延迟减速的处理措施

延迟减速的最主要因素是胎盘功能低下。对于变异正常、存在加速并无基线上升的延迟减速通过一些常规干预一般会得到纠正。临床上如果出现持续性的胎心减速，处理措施如下。

1. 请医师进行内诊，识别是否有脐带脱垂或胎头下降即将分娩的情况。

2. 回顾既往病史、胎儿情况及时查找病因并治疗。

（徐　兵）

第九节　新生儿监护中常见问题及处理措施

新生儿由于其特殊性，在心电监护过程中无法保证电极片或导联线与皮肤的良好接触，因此，需要经常检查导联线的连接是否完好。

一、心电监护常见问题及处理措施

1. 心电图没有波形，显示屏上显示"电极脱落"或"无信号接收"。

处理方法：首先检查电极片或心电导联线是否脱落，如果连接良好，使用万用表测量导线的好坏，如果显示线路不通，则是导联线损坏，更换导联线；如果检测导联线是好的，查询心电图设置中的导联模式，查看启用的模式和使用的导线是否匹配（3线制对应使用3根导线，5线制则要使用5根导线）；如果都没有问题，则对仪器侧面的心电导联接口进行检测，需打开机器测量心电导联线连接患儿端和接插在内部主板上的接口处是否接触良好）。若以上都是正确连接的，内容均无问题，联系厂家售后。

2. 心电图有波形，但是波形杂乱、波形太大、太小或者干扰大、波形不规则。

处理方法：首先检查患儿身上的电极片与身体及导联线的接触是否正常，再检查心电设置里的波幅设置是否合适，若不合适则调整到合适的范围，以便能够显示清楚的波形。另外，还需要检查仪器的接地情况。

3. 心电图波形显示为连续性地游走。

处理方法：可能是由于呼吸费力导致的，可以重新放置电极、更换电源线，采取措施使患者呼吸平静。

二、血压监护常见问题及处理措施

1. 测量时仪器报"袖带太松"或"袖带脱落"，导致无法测量。

处理方法：主要是由于测量气路的密闭性不良导致的，应该检查袖带和仪器的连接是否紧密，此外就是袖带是否有破损。

2. 测量血压不准确，偏差太大。

处理方法：一般是由于袖带的位置不对，应调节袖带的位置，与心脏平齐；同时使用 NIBP 自带的校准功能，重新校准。

3. 测量时充气正常，但是放气的时候在 120mmHg 左右就直接全放光，无法测量。

处理方法：打开机器，找到血压板，对上面的放气阀重新调节，用 70%乙醇溶液清洁放气阀后再试用，如果还是同样的问题则要更换血压板。

4. 血压测量值有偏差，不准确。

处理方法：可能是患儿肢体活动过大时，出现袖带松脱、漏气等问题，可重新固定；如果是患儿病情变化明显，例如出现休克、血压下降等问题。因此，应该保证患儿每次血压测量时体位正确、监测部位合理、袖带松紧合适，患儿无哭闹，无外界干扰。监护模式选择新生儿档，在每次血压监测之前都将袖带中的残余气体排净。

三、血氧饱和度监护常见问题及处理措施

1. SpO_2 不能检测到患儿数据，显示屏上显示一条直线。

处理方法：原因一般是 SpO_2 探头自身的损坏引起的，探头的接收或发射端损坏，现在的 SpO_2 探头都是一体成型的，建议直接更换探头。

2. 血氧显示波形图通道显示"无信号接收"。

处理方法：首先关机，重启仪器，如果还有这类问题则更换血氧板。

3. 检测结果不准确。

处理方法：由于患儿病情变化，或者长时间对同一部位监护，会影响该部位的血液灌注，致使末梢循环差，间接影响到血氧饱和度的测量。此时可采取每 2 小时更换测量部位的方法。其次可能是由于传感器探头被污染，先用清洁液清洁探头接触患儿的部分，清洁干净再试用；或者将这个探头更换到另一台仪器上试用，如还是有偏差，基本判断为探头有问题，需更换。

（张建华）

第十节　颅内压监护中常见问题及处理措施

随着技术和设备的发展，ICP 监护方式、方法不断完善，但同时存在一些问题，医护人员应了解监护过程中常见问题，及时采取处理措施。

1. 出血相关问题　穿刺针固定不牢固，术后止血不当或患者处于低凝状态，也可能与脑室内引流管的刺激有关。

处理措施：引流管妥善固定；头部和引流管方向一致，以防引起脑组织和血管损伤；严密观察引流液的颜色、性状、量的改变，密切观察患者神志变化。

2. 感染问题　很少发生，可因操作过程中无菌观念不强、穿刺器械及引流装置消毒不严格、穿刺部位有炎症、持续引流时间过长等造成。

处理措施：密切观察并评估患者是否有颅内感染的征象；遵医嘱正确使用抗生素；颅内压监测的过程为有创技术，操作时要保持监护仪器和引流管装置的全封闭状态，避免造成漏液并严格执行无菌操作，尤其在进行脑室引流时；患者枕上垫无菌治疗巾，每日更换一次；ICP 监护时间一般为 3～5d，超出时间应重新穿刺并更换全部用物。监测过程中密切观察患者的体温、血常规、脑脊液颜色及其相关检查，如出现高热、呼吸加快、脉搏增速、脑脊液浑浊、脑脊液中白细胞增高则提示感染，应立即终止监测。

3. 脑脊液漏问题　导管放置时间过长易形成窦道。

处理措施：拔管后应立即将颅内压监测置管处的皮肤进行缝合。

4. 探头安全问题　患者外出检查时，探头经常被用胶布直接固定在头部，没有固定的位置，在搬动过程中极易脱落，存在安全隐患。

处理措施：护士应将探头用纱布包扎后通过交叉双固定在前额位置，以便于观察；并向患者家属宣教监护传感器探头的重要性和注意事项。

5. 导线问题　在实施护理操作过程中，如更换床单、翻身、搬运患者等，易造成导线受压、打折、滑脱，影响监测数据。

处理措施：妥善固定连接导线，在患者床头悬挂警示标识，操作过程轻柔，适当限制头部运动，加强巡视，保证颅内压监测运行正常。

6. 引流管堵塞问题　在颅内压监护过程中使用引流管作为监测管，不排除血块或液化脑组织堵塞监测管的情况。

处理措施：用 0.9%氯化钠注射液冲洗外侧端引流管，并关闭近头部端引流管，避免冲洗溶液进入颅内造成逆行性颅内感染。

7. 参数调整问题　术中监护仪的设置零参考值为大气清零情况下设置，且针对手术患者而设，数据具有唯一性。患者返回途中，医师会把数据记录在空白纸张上，存在丢失可能。

处理措施：医师将数值用黑色油性笔记录于探头的空白处，接手术的护士发现遗漏可及时补录；在更换颅内压监护仪时，调整屏幕上显示的参数，与该患者的探头调零参数一致才能使用，保证颅内压监测数据的准确性。

（秦　维）

第十一节　脑电双频指数监护中常见问题及处理措施

1. BIS 数值缺失　如将缆线连接到监护仪插口，监护仪上未显示 BIS 数值，应再次检查确认如下内容。

（1）患者额部及颞部皮肤已用乙醇脱过脂，晾干后再贴 BIS 传感器。

（2）传感器的 4 个探头的导电膏粘性好，有效。

（3）粘贴每个探头时均按压 5s 以上，探头与皮肤接触良好。

（4）EXCLIT 检测及 HIGH FREQ 均关闭状态。

2. BIS 数值突然增加

（1）检查是否有干扰。如头部使用暖风机、外科鼻窦手术中使用导航系统、部分神经外科手术、电烧等均可使 BIS 数值增加，应尽可能及时排除高频干扰。

（2）确保麻醉给药系统运行正常，避免挥发罐设置参数的改变、新鲜气流流速变化、静脉输液泵的设置改变等对 BIS 值的影响。

（3）评估目前的手术刺激强度，确保麻醉剂量充足。麻醉剂量或手术变化引起相关的大脑皮质状态的改变，如果因镇痛不足引起 BIS 值增加，需及时追加镇痛药物。

3. BIS 数值突然降低

（1）评估药物的改变。静脉单次追加药物，改变吸入麻醉药、辅助用药（β 受体阻断剂，α_2 受体激动剂），可能引起 BIS 值的快速降低。

（2）评估目前的手术刺激强度。当伤害性刺激减弱时，BIS 值可能会相应的降低。

（3）考虑是否因追加肌松剂所致。在某些情况下，尤其是当给药前 EMG 活跃时，给予肌松剂后可导致 BIS 值降低。

（4）评估其他的生理改变。是否出现严重的低血压、低体温、低血糖或缺氧，及时对症处理。

（张鑫杰）

第十二节 二氧化碳气体监护中常见问题及处理措施

1. 检查取样管报警显示

原因：取样管阻塞、松动或未连接。

处理措施：连接或更换取样管。

2. 校准取样管报警显示

原因：取样管未校准。

处理措施：校准取样管。

3. CO_2 传感器温度过高报警显示

原因：可能周围有高热源。

处理措施：检查传感器周围有无高热源，如红外线理疗仪，高瓦数灯泡等。

4. 报警显示 CO_2 传感器需要调零

原因：传感器未标定。

处理措施：调零—清洗—调零。

5. 报警显示 CO_2 超出监测范围

原因：传感器未校零。

处理措施：调零—清洗—调零。

6. 检查气道适配器报警显示

原因：适配器有水汽。

处理措施：清洗—调零。

7. $P_{ET}CO_2$ 故障报警显示

原因：适配器连接错误。

处理措施：检查呼吸机是否正常送气、检查传感器和适配器连接是否正确牢固、检查适配器位置是否正确。

（于　波）

第十三节　麻醉气体监护中常见问题及处理措施

一、通气系统脱连接报警

在机械通气中，通气系统脱连接或存在明显漏气是麻醉中最常见的危险事件，误连接或呼吸机功能障碍也是常发生的严重问题之一。因此，需要安装持续监测通气系统功能是否完善的报警装置，一旦呼吸机开启，此监测系统即应自动进入待激活状态。

1. 传感器的位置　虽然将气道压监护仪传感器放置在靠近患者气道的部位（如 Y 接头和气管导管之间）可更准确反映患者肺部压力，但容易导致气管导管移位和增加通气系统脱连接的机会，通常是将传感器放置在单向活瓣的患者侧，不仅能测出通气系统压力的实化，而且可准确测定预设的 PEEP。另外，将传感器放置在通气环路呼气臂单向活瓣患者侧优于吸气臂，因为在脱连接时，如果在传感器和患者之间存在部分梗阻，吸气臂侧的压力感受器仍能测出压力波动而不发出报警，如果传感器位于阻塞点下气流位或在呼气臂侧，患者的气道压降低即能被测出。需注意，气道压力传感器绝不能安装在通气系统的呼吸器部分，因为在其较远的下气流位即使发生完全性脱连接，其仍能测出压力波动而不发出报警。

2. 报警阈值的设定　气道压力的电子感受器可将感受到的压力做报警与否处理。最常设定的报警阈值是：在给定时间内或呼吸次数条件下未能达吸气峰压。气道压报警阈值应设置在稍微低于气道峰压的范围内，通常情况下，气道峰压与气道压报警阈值之间的差值＜5cmH₂O，在此情况下不仅能减少假性报警的次数，而且能及时发现通气系统的轻度漏气。如果气道峰压与气道压报警阈值之间的差值＞5cmH₂O，报警系统往往不能发现通气系统的部分脱连接。在一些气道压监护仪，报警阈值可根据患者肺顺应性与设定潮气量之间的差别进行自动调整。

3. 报警系统的检查　在患者与呼吸机连接前，应常规检查脱连接报警系统。首先在通气系统患者端连接呼吸囊进行试通气，然后使呼吸囊与通气系统脱连接，此时监测系统应发出报警。另外，在通气系统未与患者连接的情况下启动呼吸机，报警也应被激活。

二、麻醉废气泄漏

一般麻醉气体在手术室内会通过两种主要途径泄漏：一个涉及麻醉给药的技术，另一个涉及麻醉药传输系统和废气清除系统的硬件设备。任何一个环节出问题都将导致手术室内空气的严重污染。关于减少麻醉废气的推荐意见见表 6-1。

表 6-1　麻醉废气泄漏污染的原因及推荐预防方法

泄漏途径	推荐做法
麻醉技术	
在麻醉结束时没有关闭流量控制阀	不用时关闭流量计和挥发罐
不匹配的面罩	选用合适型号的面罩
回路的氧气冲洗	减少不必要的回路冲洗
挥发罐内加药	使用灌注器向挥发罐注药
气管导管无套囊（例如儿科）	选择适合型号的导管
儿科回路	加强室内通风
二氧化碳和麻醉气体旁路采样分析	加强室内通风
麻醉机的输送和清除系统	
开放/紧闭回路	
医院排放系统的阻塞	定期检查
医院真空处理系统的调节不当	定期检查
泄漏检查	
高压系统	每日检查（<10ml/h）
低压系统	每日检查（在 30cmH$_2$O 压力时<100ml/min）
钠石灰罐的安装	每日检查
氧气环路	每日检查
其他来源	
体外循环回路	加强室内通风

1. 使用安全的吸入麻醉药　目前国内已废弃了动物实验研究证明是有害的吸入麻醉药物，国内常用的吸入麻醉剂安氟醚、异氟醚、七氟醚等是安全的，另有研究表明应减少长时间和高浓度接触氧化亚氮。

2. 建立麻醉废气清除系统　麻醉机都应配有麻醉废气清除系统并对其进行定期维护和检查。废气清除系统收集经可调节压力限制阀或"瞬间排出"阀或呼吸机压力释放阀等处排除释放的气体，并将它们送到废气处理系统，废气清除系统按紧闭的或开放的存储器分成 2 种，呼出废气再被传送入医院的由主动的或被动的机制完成的废气处理系统。使用麻醉机前必须检查废气清除系统功能是否正常，使用过程中严防管道脱开、成角或阻塞。

3. 关注麻醉操作常规　关注操作常规的细节对于减少麻醉废气的暴露是有效的，应使所有相关人员采用有效措施来减少周围空气中麻醉废气的浓度水平。

4. 医护人员的健康检查　不强制规定对暴露于麻醉废气的医护人员进行常规健康检查，但是需要对相关的医护人员进行麻醉废气相关知识教育，并要建立一个麻醉废气危害的报告机制，一旦发现麻醉废气对人体健康产生危害，及时上报。

（莫文平）

第7章 监护仪的维护与保养

第一节 监护仪荧光屏的维护和保养

一、荧光屏的清洁消毒

清洁前必须关掉电源并断开交流电源，用软布蘸取适量的无侵蚀类清洁剂擦拭，如无水乙醇，擦拭完成后将残留在屏幕表面上的清洁剂擦干。注意清洁时不要让液体进入机壳、开关、接口、通风口。

二、荧光屏的维护和保养

1. 监护仪应放置在固定安全的位置，保证其有良好的通风、散热，远离热源，避免阳光直晒屏幕。

2. 在监护仪附近应避免使用手机和电脉冲治疗仪，以防干扰监测数字及波形的显示。

3. 长期不用时，应盖上防尘罩；定期检查维护，确保其处于正常备用状态。

三、荧光屏常见问题

1. 开机屏幕无显示、指示灯不亮　可能是电量过低或连接线连接不当。应检查所有连接部位，并接通电源充电。

2. 开机黑屏　可能由于整机电源、高压板、液晶显示屏或背光灯管故障所致。应逐一排查后更换维修。

3. 开机花屏、白屏　通常是由于机内信号没有正常传送到显示屏所引起的，可能是由于信号连接线松动、主控板线路接触不良或显示屏损坏。可以更换显示器，检查主控板接线是否稳固，若 VGA 无输出时需要更换主控板。

4. 荧光屏暗淡或亮度不够（发红）　原因可能是背光灯管断开、高压包无电供给灯管、主板无电供给高压包或连接线断开。应逐一检查后进行维修更换。

（陈　莉）

第二节　监护仪的维护与保养

先进的监护仪器是医疗单位开展工作的重要物质基础，是病房最常用的医疗设备，是医护人员全面、直观、及时掌握患者病情的有效手段。监护仪器通过实时监测患者主要生命参数，为医护人员提供准确预警信息，从而减少医疗意外事故的发生。目前临床监护仪器种类多样，使用前必须仔细阅读操作使用说明，并接受专业技术培训以确保熟练掌握并严格执行仪器的清洁消毒、维护保养、保管等。

一、清洁与消毒

监护仪长时间使用，易受灰尘或患者分泌物污染，清洁不及时不仅会造成患者间细菌传播，而且会加快设备的老化。因此，应经常进行清洁、消毒。

1. 清洁消毒

（1）清洁或消毒仪器表面前须关闭开关，切断交流电源，在仪器充分冷却后进行擦拭，以免钝化外壳涂层或引起设备故障。

（2）清洁时不要使用易磨损的材质擦拭，只擦拭连接器外周，避免擦拭内部组件。

（3）未被污染的主机外壳可使用干净无绒软布擦拭，以防损坏仪器。

（4）机器污染需使用清洁剂，使用前必须稀释，挤出多余的消毒剂，避免使用腐蚀性清洁剂。

（5）决不可将仪器设备浸入清洁剂中，切勿向设备倾倒或喷洒任何清洁剂，或让液体浸入连接口处或开口处。

（6）清洁后用清洁软布擦干表面液体或自然风干至少 30min，避免液体流入仪器缝隙或组件内。切勿使用过分干燥的方法，如电炉烘烤、强制加热或日晒。

（7）非一次性仪器应定期消毒处理，若用于传染病患者后应立即消毒处理。

（8）决不可用高压灭菌器或蒸汽清洁设备。

2. 清洁消毒剂　不同厂家的监护器所用材质不同，清洁消毒剂的使用要求有差异，应按仪器使用说明选择适合的清洁、消毒剂。

（1）常见清洁剂：稀释的氨水、稀释的肥皂水、3%过氧化氢溶液、次氯酸钠溶液等。

（2）常见消毒剂：次氯酸钠溶液（5.2%的家用漂白剂）、70%乙醇溶液、70%异丙醇溶液、胺复合物及环氧氯等消毒剂。

3. 切勿使用甲醛及苯酚类的消毒剂　此类消毒剂易加快电缆绝缘层老化，残余物可导致患者变态反应。

4. 其他　切勿使用任何类型的磨砂清洁剂或溶剂、氯化铵、酮、丙酮、钠盐等。

二、日常维护保养

监护仪器是医院常用医疗设备，对保障患者生命健康具有重要作用。积极有效地做好监护仪器的日常维护保养工作，不仅可以保证设备良好的工作状态，还可以减少故障率，延长整机的寿命，因此监护仪器的维护和保养尤为重要。为使监护仪器达到最佳状态，医疗人员应注意日常的维护及保养等事项。

1. 主机的维护保养

（1）监护仪应标识清晰，放置位置固定，温度适宜（20～25℃最为适宜），避免阳光直射，避免接触有酸碱等腐蚀性物质的环境。

（2）在移动及搬运过程中，避免因震动导致精密元件损坏，影响仪器性能和测量结果。

（3）避免仪器受外力冲击或跌摔。

（4）在长期工作环境下，易造成监护器温度过高而使内部元件老化甚至损坏，因此要做好主机内、外的清洁工作，确保良好的散热和通风。

（5）主机通风口滤网须每 2～3 个月清洁一次，及时清除上面灰尘；每 0.5～1 年可拆开主机外壳，对主机内部除尘，非专业人员禁止打开设备外壳。

（6）使用前检查仪器是否运转正常，使用时主机通风口应距离墙面 15～20cm，利于散热，严格执行各项仪器规程，使用后及时断开电源，擦拭干净，必要时消毒处理。

（7）较长时间不使用时要定期开机检测，以防元件因长时间不用受潮。

（8）避免频繁开关电源，以减少故障发生，延长仪器使用寿命。

2. 蓄电池的维护保养　完善的电池管理可以实现最佳的电池性能，通常仪器所使用含有多个锂离子原电池的充电电池，在未安装仪器上时，锂电池自动放电，温度每升高 10℃，放电速度会增加一倍，在较高温度下电池电量流失速度会显著加快。

（1）在运送仪器前或不长期使用时，应将仪器内电池取出。

（2）电池在使用过程中应定期优化，以延长使用寿命，每月检查蓄电池情况，如电池性能下降及时处理，建议每 2～3 个月对电池进行一次优化，即不间断的充电完成后放电至仪器关机。

3. 较长时间不使用的监护器

（1）长期不使用的监护器应遮盖，备用状态的监护器应定期开机检测，防止元件受潮后损坏，发现问题及时报修。

（2）潮湿多雨季节，如春季、夏季，每月开机检测；干燥季节，如秋季、冬季，每 2～3 个月开机检测。

三、监护仪的使用及保管

1. 监护仪按照专人负责、专人保管、妥善使用的原则。应由接受过培训的人员建立仪器使用及维修记录本，定期检查仪器运行及维修情况。

2. 及时调整需更新及不常使用的仪器，合理使用，仪器设备的报废、调拨严格按照有关规定，使所有仪器发挥最大使用效能。

3. 各类监护仪放置及保管过程中要做到"五防"，即"防尘""防潮""防热""防震""防腐蚀"。

4. 监护仪旁附相关注意事项、简明操作规程、保管制度，便于随时查阅。

5. 使用仪器前操作人员应经过培训，严格遵守仪器操作规程，正确掌握使用方法和注意事项，熟悉有关仪器结构和性能，及时排除仪器故障，实习及进修人员应在指导老师的指导下使用仪器。

（金诗晓）

第三节　监护仪导联线的维护和保养

一、导联线的清洁消毒

监护仪已广泛应用于患者急救、危重监护、手术麻醉等领域，为临床诊断、治疗及危重患者的抢救提供了可靠的数据。与患者接触的附件极其容易被患者的分泌物所污染，成为院内感染的载体。为安全使用监护仪，延长使用寿命，需要做好监护仪维护和保养工作，定期对其进行清洁消毒。在污染严重及风沙较大地区应增加清洁消毒频率，每日擦洗，做好记录。

1. 清洁消毒剂　使用清洁剂之前应稀释，并避免使用腐蚀性的清洁消毒剂。不宜使用气体或甲醛进行消毒。禁止使用苯酚类消毒剂。

（1）清洁剂：可选用稀释的肥皂水、稀释的氨水、3%过氧化氢溶液、次氯酸钠溶液等。

（2）消毒剂：可选用70%乙醇溶液、70%异丙醇溶液、2%戊二醛溶液、氯胺、胺复合物、环氧氯等。

2. 导联线的清洁消毒

（1）用干净柔软的无绒布、棉球、海绵等蘸取适量的清洁消毒剂轻轻擦拭导联线及心电导联线扣，并将残留在导联线表面的消毒液擦干。

（2）清洁消毒时不宜让消毒液进入接口、传感器及通风孔内。

（3）导联线不宜直接放入水中或消毒液中清洗浸泡。

（4）乙醇会加速导联线的绝缘层老化，应尽量少用。

3. 血压计袖带的清洁消毒

（1）清洗前先将橡胶袋取出，然后对袖带进行高压灭菌、气体、放射或消毒液浸泡消毒。

（2）在消毒液浸泡消毒时应将橡胶袋和连接管的管口封住，避免消毒液进入其中，损坏仪器。

（3）袖带清洁消毒完毕并晾干后，将橡胶袋装入备用。

4. 血氧饱和度传感器的清洁消毒　用软布蘸取适量消毒液擦拭传感器外表、发光管及接收器件，并用干布擦干。不宜将传感器放在高压容器中及消毒液中浸泡消毒。

5. 体温传感器的清洁消毒　用软布蘸取适量的消毒液向下朝连接器方向擦洗探头。

二、导联线的维护和保养

1. 清洁消毒后各种传感器应安装备用，安装时应仔细对准血氧插头的定位槽，避免电缆插头内的插针变形或损坏，传感器探头不能摔、碰、受潮、受压等。

2. 收藏放置导联线时，各导联线、电源线及导管之间应排放有序，并将其自然弯成圆形，不能打折、过度弯曲，以防导联线断裂损坏。

3. 无创血压计袖带没有捆绑在患者手臂上时，不能启动主机测量血压，以防损坏气囊和气泵。

4. 当不需要监测血氧饱和度时，应调整系统关闭此项功能，或直接将血氧饱和度探头从主机上取下收藏放置。

5. 应该定期对导联线、传感器及其他附件进行检查，如出现电源线磨损、血压计袖带破裂、导联线和传感器损坏等，应立即更换维护，确定其处于正常备用状态。

（陈　莉）

参 考 文 献

艾登斌，2003. 简明麻醉学[M]. 北京：人民卫生出版社.

安刚，薛富善，2012. 现代麻醉学技术[M]. 北京：科学技术文献出版社.

成守珍，2012. ICU临床监护与实践[M]. 北京：人民卫生出版社.

丁万红，夏海鸥，徐春芳，等，2016. 急诊危重症病人院内转运流程的建立和应用评价[J]. 护理学杂志，31（21）：51-55.

董吁钢，王景风，刘世明，等，2004. 心血管危重症监护治疗学. 广州：广州科技出版社.

冯岚，林爱玲，杨华，等，2009. 临床急诊护理学. 北京：科学技术文献出版社.

郭继鸿，张萍，2003. 动态心电图学[M]. 北京：人民卫生出版社.

何丽琴，2012. 急诊病人安全转运影响因素分析[J]. 护理研究，26（24）：2257-2258.

贾灵芝，2017. 实用ICU护理手册[M]. 北京：化学工业出版社.

李素娟，张维民，2009. 液晶显示屏的常见故障及分析处理[J]. 医疗装备，22（8）：76.

李文源，吴汉森，陈宏文，2017. 医疗设备管理理论与实践[M]. 北京：北京大学出版社.

李小寒，尚少梅，2012. 基础护理学[M]. 第5版. 北京：人民卫生出版社.

李小寒，尚少梅，2017. 基础护理学[M]. 第6版. 北京：人民卫生出版社.

李晓欧，2013. 多参数监护仪原理与实践[M]. 上海：上海交通大学出版社.

刘均娥，楼滨城，2008. 急诊护理学[M]. 北京：北京大学医学出版社.

刘珊珊，赵威，迟春杰，等，2016. 呼吸末二氧化碳监测在临床中的应用[J]. 现代生物医学进展，11（3）：2165-2167.

刘欣，2011. 监护仪无创血压有效准确测量方法的探讨[J]. 临床工程，26（11）：82-84.

迈瑞PM-8000便携式多参数监护仪使用说明书. 深圳迈瑞生物医疗电子股份有限公司.

阮满真，黄海燕，2013. 危重症护理监护技术[M]. 北京：人民军医出版社.

余守章，岳云，2013. 围术期临床监测手册[M]. 北京：人民卫生出版社.

万林，施素华，孔悦，等，2016. 危重病人院内转运的研究进展[J]. 中华护理杂志，51（8）：975-978.

万学红，卢雪峰，2013. 诊断学[M]. 第8版. 北京：人民卫生出版社.

王俊科，马虹，张铁铮，等，2018. 麻省总医院临床麻醉手册[M]. 北京：科学出版社.

王曙红，吴欣娟，2010. 危重监护[M]. 北京：高等教育出版社.

吴丹，吴德全，2017. 实用麻醉护理手册[M]. 合肥：安徽科学技术出版社.

吴惠平，罗伟香，曾洪，等，2010. 临床护理相关仪器设备使用与维护[M]. 北京：人民卫生出版社.

武文君，2019. 多参数监护仪质量控制检测技术[M]. 北京：中国计量出版社.

谢灿茂，陈升汶，吴胜楠，等，2011. 危重症加强监护治疗学[M]. 北京：人民卫生出版社.

许峰，刘成军，2010. 呼气末CO_2监测对机械通气患儿管理意义[J]. 中国小儿急救医学杂志，17（3）：207-208.

许虹，2011. 急危重症护理学[M]. 第2版. 北京：人民卫生出版社.

杨丽丽，陈小航，2012. 急重症护理学[M]. 第2版. 北京：人民卫生出版社.

杨明，周丽娟，2014. 临床仪器设备操作使用手册[M]. 北京：人民军医出版社.

叶铁虎，徐建国，王俊科，等，2009. 关于处理麻醉气体泄漏的专家共识[J]. 临床麻醉学杂志，25（3）：194-196.

于潇，林君，李肃义，2012. 无创血压测量技术的发展概况[J]. 广东医学，33（15）：2356-2359.

张波，桂莉，2017. 急危重症护理学[M]. 第 4 版. 北京：人民卫生出版社.

张丽，2002. 无创血压监护仪的使用和报警处理[J]. 医疗保健器具，9（10）：52-53.

张文武，2007. 急诊内科学-第 2 版[M]. 北京：人民卫生出版社.

张翔宇，2013. 重症监护[M]. 郑州：郑州大学出版社.

张正进，寿升良，徐兵，2008. 监护仪 TFT 液晶显示屏暗维修与更换[J]. 医疗卫生装备，29（12）：128-129.

赵嘉训，2011. 麻醉设备学[M]. 第 3 版. 北京：人民卫生出版社.

赵作华，董春艳，杨晓莹，2008. 急诊护理[M]. 北京：科学技术文献出版社.

中华人民共和国地方计 JJG 量无创血压监护仪检定规程. JJG（闽）1028-2010. 福建：福建省质量技术监督局发布. 2010-03-10 实施.

中华医学会重症医学分会，2010. 《中国重症病人转运指南（2010）》（草案）[J]. 中华危重病急救医学，22（6）：328-330.

周慧玲，孙万蓉，叶继伦，等，2003. 医用呼吸 CO_2 浓度监测系统的研制[J]. 中国医疗器械杂志，27（2）：85-87.

邹翼霜，黄丽华，2018. 危重病人院内转运物品管理研究进展[J]. 护理与康复，17（1）：27-30.

Anne Griffin Perry，Patricia A. Potter，2015. 护理技能与操作程序[M]. 第 7 版. 任辉，张翠华. 北京：人民军医出版社.

Criner G J，Barnette R E，D' Alonzo G E，2014. 重症监护学[M]. 第 2 版. 王萍，刘双. 北京：人民军医出版社.